辽宁省纪委监委驻省委宣传部纪检监察组
辽宁省作家协会
编

修齐治平

XIU QI
ZHI PING
JINJUXUANSHI

金句选释

辽宁人民出版社

图书在版编目（CIP）数据

修齐治平金句选释 / 辽宁省纪委监委驻省委宣传部纪检监察组，辽宁省作家协会编 . — 沈阳：辽宁人民出版社，2020.12

ISBN 978-7-205-10041-4

Ⅰ．①修… Ⅱ．①辽… ②辽… Ⅲ．①道德修养－格言－汇编－中国 Ⅳ．① B825

中国版本图书馆 CIP 数据核字（2020）第 239400 号

出版发行：辽宁人民出版社
　　　　　地址：沈阳市和平区十一纬路 25 号　邮编：110003
　　　　　http://www.lnpph.com.cn
印　　刷：辽宁新华印务有限公司
幅面尺寸：155 mm×230 mm
印　　张：14.5
字　　数：200 千字
出版时间：2020 年 12 月第 1 版
印刷时间：2020 年 12 月第 1 次印刷
责任编辑：阎伟萍　孙　雯
装帧设计：留白文化
责任校对：吴艳杰
书　　号：ISBN 978-7-205-10041-4
定　　价：56.00 元

· 前　言 ·

习近平总书记指出："中国传统文化博大精深，学习和掌握其中的各种思想精华，对树立正确的世界观、人生观、价值观很有益处。"

中华优秀传统文化源远流长、博大精深，积淀着中华民族5000多年最深沉的精神追求，代表着中华民族独特的精神标识，是中华民族生生不息、发展壮大的丰厚滋养，是涵养社会主义核心价值观的重要源泉，是中国特色社会主义植根的文化沃土，是立德树人、治国理政的突出优势，是中华民族在世界文化激荡中站稳脚跟的坚实根基，是实现中华民族伟大复兴、构建人类命运共同体的文化软实力，对延续和发展中华文明、促进人类文明进步发挥着重要作用。

一个国家之所以能够站在时代的前列，是受其优秀传统文化和先进的国家精神所引领的。中华优秀传统文化和国家精神具有"推进器"的作用。实现中华民族伟大复兴的中国梦需要多方面的动力，其中思想感召力和文化助推力是重要动力。深入挖掘中华优秀传统文化，通俗易懂地加以阐释，使其弘扬传承，进而为推进实现中国梦提供精神动力。

修身、齐家、治国、平天下最早是在《礼记·大学》中有过完整的阐述，《大学》开宗明义地指出："大学之道，在明明德，在亲民，在止于至善。知止而后有定，定而后能静，静而后能安，安而后能虑，虑而后能得。物有本末，事有终始。知所先后，则近道矣。古之欲明明德于天下者，先治其国；欲治其国者，先齐其家；欲齐其家者，先修其身；欲修其身者，先正其心；欲正其心者，先诚其意；欲诚其意者，先致其知；致知在格物。物格而后知至；知至而后意诚；意诚而后心正；心正而后身修；身修而后家齐；家齐而后国治；国治而后天下平。"这段话阐述了修、齐、治、平"四位一体"的辩证逻辑关系，强调修身是前提，是先决条件，没有修身也就无从谈起后面的齐家、治国、平天下。而齐家、治国、平天下三个环节均是处理人与人之间的关系，从家庭走向社会，从独善其身转向兼济天下。这四者相互联系、相互依存，相辅相成发挥作用。

2017 年，中共中央办公厅、国务院办公厅印发了《关于实施中华优秀传统文化传承发展工程意见》，要求各地方、各单位结合实际认真贯彻落实。为加强辽宁省直宣传文化系统廉政文化建设，辽宁省纪委监委驻省委宣传部纪检监察组与辽宁省作家协会共同策划组织编写《修齐治平金句选释》一书，发动全省百余名作家从中华优秀传统文化经典中精选与修身、齐家、治国、平天下密切相关的格言、警句，或从历代名人名家著作、言论中选取名言、名句进行阐释，并结合生动鲜活的事例加以解析。作家们以明德遵礼、格调高雅，符合主旋律、充满正能量的作品，来体现社会主义核心价值观。用富有思想性、故事性、可读性和教育意义的文章，来启发读者思考人生。借助文学和传统文化的力量，潜移默化地感染读者，教化人生。希望此书能对弘扬廉政文化，加强廉政建设有所裨益。

本书编写组

2020 年 11 月

• 目 录 •

齐家篇

治国篇

平天下篇

修身・齐家・治国・平天下

修身篇

不积跬步，无以至千里；
不积小流，无以成江海

［出处］

《荀子·劝学》

［释义］

没有一步一步的行程，就不可能到达千里之遥的地方；没有一条一条细小溪流的汇聚，就不可能有浩瀚无边的大江大海。

"凡事从小做起""积少成多"的规则自古有之，"一耕二读三打铁"，这位于三十六行前三行的职业就蕴含着这样的哲理。首先，我国千年农耕文化，耕田种地是历朝历代最根本的职业，耕田需要一块田地一块田地的翻松土壤，才能完成成片土地的耕作，正是这样一犁一犁的劳作，才有整个土地的收成；其次，古代科举考试是实现仕途的唯一途径，明代正式科举考试分为乡试、会试、殿试三级，从中我们可以看出，只有通过最底层的考试，一点一滴的准备、提升，才能一级一级向上，实现更大的成功。最后，古代铁器的锻打也是要经过一锤一锤，千万次的捶打，才能铸造出像样的铁器，锤炼出"时代的铁匠"。结合新时代，党的十九大报告中提出，"建设知识型、技能型、创新型劳动者大军，弘扬劳模精神和工匠精神"，之所以能够成为工匠，就在于打好这每一锤。

2015年11月27日，习近平总书记在中央扶贫开发工作会议上强调，消除贫困、改善民生、逐步实现共同富裕。脱贫不是一朝一夕可以完成的，任何一个国家，任何一个地区，都是存在贫困人口的，中国虽然地大物博，但是可用耕地面积是不够的，每年都是需要进口一部分粮食，有一些偏远山区甚至是没有足够的土地养活一家人，那些地方条件艰苦，交通不便，土地贫瘠，消息闭塞，很难与外界沟通交流，在外界看来这是一项不可能完成的任务，习近平总书记心系贫困人口，把这件事儿当解决民生问题的首要问题去抓，为了这项长期而重大的任务，党中央统一部署，充分调动全党全社会共同解决贫困问题，扶贫政策深入每一个贫困村、每一户贫困家庭，每一位贫困人员，驻村干部正是这样一人一人的建档立卡、一户一户的定点帮扶、一村一村的治理改善，一遍遍讲解政策，一次次走访入家，一夜夜研究办法，确保扶贫工作对症下药，达到精准扶贫，就这样无数驻村干部日积月累，集腋成裘，有的甚至牺牲在扶贫的岗位上，就这样不懈努力终于完成了扶贫任务。2020年是全面建成小康社会和"十三五"规划实现之年，也是脱贫攻坚全面收官之年。今年政府工作报告中指出，脱贫攻坚取得决定性成就，四年多的脱贫攻坚正是这样一步一步才有了显著的成效。

/ 李哲

不怨天，不尤人

《论语·宪问》

[释义]

不管遇到什么事都不抱怨天，也不责怪别人。

（一）

他好像从来没有顺心的事情。什么时候和他在一起都会听到他不停地抱怨。高兴的事情他抛在脑后，不顺心的事总挂在嘴上。见到人就会抱怨他的所谓不如意，结果他把自己搞得很烦躁，同时也把别人搞得很不安，大家都对他避而远之。

有些爱抱怨的人一样，每件不称心如意的小事长期堆积在心里、挂在嘴上，自己的心态、情绪也变得很糟糕。在这样的精神状态下，不难想象，他犯错误的概率一定会比正常人高。许多新的烦恼又在后边等着他，那么他又开始新一轮的抱怨—沮丧—出错—倒霉……

我们不可能保证事事顺心，但可以做到坦然面对，该放则放，不要把一些垃圾堆积在心里，把乌云总挂在脸上、把牢骚总挂在嘴上。

小时候，以为天上的月亮永远是圆的，生活永远是快乐幸福、艳阳高照，长大了才知道人生不如意事十之八九，遇到磨难必须学会坚强。

17岁那年一场大病使我走进"无声世界",失去继续求学的机会。花朵一样的年龄,绚丽的人生才刚刚开始,这可恶的病魔夺走了我的溪流、夺走了我的鸟鸣、夺走了我聆听世界的权利。失望、沮丧、徘徊……我曾经怨恨命运对我太不公平了:小时候家庭出身不好让我在同学面前抬不起头来,现在又让我变成失去听力的残疾人。

就在此时我在报纸上看到了张海迪的事迹:张海迪从小高位截瘫,身体的三分之二失去知觉,终生将在床和轮椅上度过。但她不悲观,不怨天尤人,振作起来与疾病抗争。在与病魔顽强斗争的同时,自学英语,达到了能阅读、能翻译、能写作的程度,并写下几百万字的文学作品,被誉为"当代保尔",成了新时期残疾人的楷模。

和张海迪一比,我为自己怨天尤人的心态感到羞愧!从此,我坚定信心、发奋读书,在阅读中"聆听"世界最美的声音。自尊自爱,自强不息地面对困难。如今,我已经在城里买了楼房,儿子大学毕业有了工作。喜欢写作的我还有幸加入辽宁省作家协会。

"不怨天,不尤人。"用微笑面对人生,我们的生活就会充满阳光。

/ 毕寿柏

(二)

"不怨天,不尤人"出自《论语·宪问》:"子曰:'莫我知也夫!'子贡曰:'何为其莫知子也?'子曰:'不怨天,不尤人,下学而上达,知我者其天乎!'"

这段话的意思是:孔子认为没有人能够了解他,子贡说:"怎么能说没有人了解您呢?"孔子说:"我不埋怨天,也不责怪他人。专心学习,上达天道,就只有老天了解我了。"

当时,孔子作为社会博学者之一,被尊奉为"天纵之圣""天之木铎"。他认为自己承继的文化，是上天不绝此文化。孔子欲传此文化，曾带领部分弟子周游列国十三年，但时值乱世，孔子"仁"的思想并不能迎合君主们的政治需求，没有哪位君王能为孔子提供一显身手的舞台，更没有人真正理解孔子。对此，孔子不埋怨命运的不公，也不怨恨这些人，坚持认为自己的使命就是如此。

　　孔子经常强调，不要因任何外部事物来妨碍对内在的完美自我的追求。也就是不要让外在因素成为自我完善的阻碍。命运的安排、他人的态度，都只是外在条件，并不能决定我们的内心，正所谓"三军不可夺帅，匹夫不可夺志也"。

　　怀着积极的"修己"理念，孔子潜心钻研，以"仁"的思想核心自成一派，在百家争鸣的大势中立于不败之地。孔子弟子三千，其贤人七十二，皆是栋梁之材。他的思想对中国和世界影响深远，为后世留下了一笔巨大的精神财富。

　　《孟子·公孙丑下》中曾提到：孟子去齐，充虞路问曰："夫子若有不豫色然。前日虞闻诸夫子曰：君子不怨天，不尤人。" 这段话讲述的是：一天，孟子离开齐国。路上，充虞问道："先生好像有点不高兴。过去曾听您说过：'君子不抱怨天，不责怪人。'今天为什么这样呢？"

　　当时的孟子认为，将要有"王者"兴起，一统天下。他寄希望于齐宣王，两次赴齐，企望有所作为，但愿望落空了，在离开齐国时，才有了"夫子若有不豫色然"这段小插曲。

　　孟子是儒家学派又一位代表人物，后世追封"亚圣"，与孔子并称"孔孟"。他继承和发展了孔子"仁"的学说。孟子是一位很有抱负的思想家、政治家，在诸侯国合纵连横、征战不断的背景下，他敏锐地分析了当时的社会发展趋势，建构了"仁政"学说。孟子根据战国时期的经验，总结各国治乱兴亡的规律，成为历史上提出富有民主主张"民贵君轻"思想的第一人，对后世影响深远。虽然在当时，孟子的政治主张不被采纳，但是孟子并没有因此消沉，晚年回到自己的故乡，专心从事教育和著述，成书《孟子》，传于后世。

《中庸》第十四章也提到过，"君子素其位而行，不愿乎其外。""上不怨天，下不尤人。"意思是说：君子身处什么样的地位，就去做本分内力所能及的事情，不必羡慕其他人。端正自己，不苛求别人，那么就不会整日抱怨了。

诸位先贤的教诲昭示我们要过一种不抱怨的人生。任何境遇下，既要有"匹夫不可夺志"的坚定持久的理想信念，也要有"一箪食，一瓢饮，在陋巷……也不改其乐"般达观从容的心态，更要有"临渊羡鱼，不如退而结网"这种识时通变的能力。

世间没有绝对的平等，古今中外皆是如此。很多伟大的历史人物，所遭遇的不公正待遇要远超凡人。贝多芬克服失聪这一音乐创作的巨大障碍，凭借多年乐感和丰富的想象，仍然创作出《命运交响曲》等多部传世佳作；"渐冻人"霍金被禁锢在轮椅上半个世纪，也无法阻挡他成为现代最伟大的物理学家之一，并留下《时间简史》等物理学著作；天生没有四肢的尼克·胡哲，通过自身的坚毅不屈掌握了游泳、冲浪、使用电脑、打高尔夫球、高台跳水等多项技能，对著书、演说、财务管理也很精通，他的传奇经历证明生命的不公就是用来被打破的。

"生活以痛吻我，我报之以歌。"面对困境，牢骚满腹，怨天尤人，并不能改变现实。我们不妨先把不满、委屈、沮丧那些负面的情绪统统抛开，让自己冷静下来，尝试着做出改变，换个角度，或许柳暗花明，或许海阔天空；再努力一次，也许成功就在眼前。

/ 金鑫

（三）

人生既短暂又漫长，这里的漫长指的就是与艰难困苦作斗争的过程。在这个过程中秉持一种信念向前走是最重要的，有了这种坚定的信念和目标，无论遇到什么挫折都会克服，最终走向人生的圣境。"不怨天，不尤人"讲的就是这个道理，这是《论语·宪问》中的一句话，意思是不抱怨天不责怪人，靠自己的努力去走好人生的每一步。

每个人的生命历程都不会是一帆风顺的，总会有很多挫折和苦难，对待这些困苦的态度，就决定了一个人的一生是否能到达辉煌的顶点。

我国的战国时期有一位非常有名的军事家叫孙膑，是孙武的后代。他的同学庞涓做了魏惠王的将军，但他嫉妒孙膑的才学和能力，想要除掉孙膑，就把孙膑骗到魏国，将其双脚砍掉，威逼他交出自己写的兵书，否则就要杀掉他，孙膑用计装作疯癫逃出了魏，回到齐国后拜为军师，带兵一举灭掉庞涓，成就了自己的事业。

外国也有这样的例子，19 世纪美国女作家、教育家、慈善家、社会活动家海伦·凯勒，在她出生的第 19 个月时，因患急性胃充血、脑充血而被夺去了视力和听力，但她没有屈服于命运的安排，决心靠自己的努力把握自己的人生，经过刻苦学习，1899 年考入哈佛大学拉德克利夫女子学院。海伦·凯勒 1968 年逝世，享年 88 岁，她有 87 年生活在无光无声的世界里，以惊人的毅力先后写成了 14 本著作，建立了许多慈善机构，由于事迹突出，1964 年荣获"总统自由勋章"，次年入选美国《时代周刊》评选的"20 世纪美国十大英雄偶像"之一。

有了不怨天尤人的心态你就会看见美好，相反你就只能看到如山的困难。鲁迅先生有一个短剧《过客》，写的是有一个过客，走到老翁和小女孩的土屋前面讨水喝，老翁劝他休息，他说我不知去哪里，只是向前走，他问老翁前面是什么地方，老翁说是坟，小女孩却说不是的，那里有许多野百合、野蔷薇，我常常去玩。是的，只有那些生命中充满朝气和活力，无比热爱生活的人，眼中才没有坟地，只有野蔷薇。这样的人是可敬的。

我们大家非常熟悉的体操名将桑兰 1997 年获得全国跳马冠军，

1998 年 7 月 22 日，参加第四届美国友好运动会在练习中不慎受伤，造成颈椎骨折，胸部以下高位截瘫。她痛苦过也绝望过，但她终于战胜那个懦弱的自己。2002 年她进入北京大学新闻系攻读学士学位，2008 年成为北京申奥大使之一，同年担当北京奥运官网特约记者。这样的例子比比皆是，不怨天不尤人是一种人生的境界，也是人生旅途必备的品德，因为我们生来的全部意义就是要越过那些人生的障碍，而去欣赏人生顶峰的美好。

/ 翟营文

挫其锐，解其纷，和其光，同其尘。是谓玄同

［出处］

《老子》

［释义］

要敛去锋芒，拴住心猿，平情应物，静虑澄怀，不在心外求心，更不在世外求法。

明代禅僧憨山大师为这句话作注："遇事浑圆，不露锋芒，故曰'挫其锐'；心体湛寂，释然无虑，故曰'解其纷'。纷，谓纷纭杂想也。含光敛耀，顺物忘怀，故曰'和其光，同其尘'。此非妙契玄微者，不能也，故曰'是谓玄同'。"儒释道三家智慧千年纠缠，早已渗透进彼此的骨血之中。憨山大师对于和光同尘的看法，既有道家的散淡，又有着扎实的禅定修行作为根基。他高超于时代的精神境界，面对同样缥缈灵妙的老子，总能有一些在气质上更为接近的心得。得于心而应于手，有着独坐大雄峰的气魄和疏狂真率的秉性，并不像皓首穷经的书生一般单单只是纸上谈兵，在空想中求见地。"心体湛寂，释然无虑"往往是一种可遇不可求的状态，"含光敛耀，顺物忘怀"则是一种可以修养的道德境界。

道家文化从来是冲虚散淡的，古往今来虽有无数修行者寻仙问道，归隐山林，寻找更为纯粹的生命体验。但道家从不主张一骑绝尘而去，烂柯乡里遗世独立。如果"出世"成了一种追寻，便意味着执着与割舍，也是落了下乘。在面对纷繁复杂的尘世生活时，我们更应该尽力完成好自己的角色和使命，顺应时代的潮流，不露锋芒，也不强作妄为，潜心于自己的一方天地，等待时间与生活给我们真正的答案。超然物外是道家提倡的精神状态，但这种超然要首先真实诚恳地面对事物本身，耐心体会，仔细感受，才有可能明白其中的执着虚妄，自然而然地超然、忘却，而不是刻意地追求一种信条式的生活。

《论语·子罕》有云："子绝四：毋意，毋必，毋固，毋我。"当我们有了"我"这个中心时，也就意味着有了我执，有了是非取舍，也有了渴望注视与赞美的期待。这时的思维与意识往往带来自我的张扬，或者使我们停留在缅怀中而失去对当下的体验。锉掉我们的锐气，收敛我们的光芒，意味着处于一种静谧与安然的生活，能够去体会平凡与质朴的力量，进而体会"万物静观皆自得，四时佳兴与人同"的妙处，回归一种淡泊的心境。"闲看庭前花开花落，漫随天际云卷云舒"，能够更好地去爱心之所爱，追寻心之所向。

当我们真正能够内蕴自己的光芒，珍惜平凡的可贵，不再苦苦追寻自我价值的彰显，愿意为一项事业静默地奉献自己的力量，那么在这样一种玄同之中，我们才能真正地找到生活的意义与价值，等待智慧与幸福的如约而至。

/ 韩叶

读书破万卷，下笔如有神

［出处］

〔唐〕杜甫《奉赠韦左丞丈二十二韵》

［释义］

形容博览群书，把书读透，这样落实到笔下，运用起来就会得心应手，洋洋洒洒。

钟摆略过，方坠不惑之年。笔耕网文多年，近日有一书友问我写好网文的秘诀所在。

沉思良久，坐在家中的电脑桌前，看着自己曾经写下过的款款文字，虽然谈不上是什么成名之作，但是每一本书、每一个篇章、每一个段落都是自己用心所写。

故而给书友回了一条信息写道："读书破万卷，下笔如有神。"

于我自己而言，"读书破万卷，下笔如有神"，不仅是对小友的鼓励和鞭策，也是对自己多年阅读写作经验的总结，其实更寄托着自己文创人生的一份情怀。

如何"破万卷"、如何"如有神"，我认为当有三个境界，即"识破""磨破""突破"，唯有如此，人生的下笔处才能充满神韵。

第一重境界，"识破"以立志。

古人常说"识破万卷之理"。如果说"万卷"是横向读书，追求阅读的量，那么"识破"就是纵向读书，讲究阅读的质。识破就是精读而透彻理解书中之理。

看书是我一辈子最大的爱好。记得小时候看过的第一本书《五凤朝阳刀》，是父亲带给我的，回想起儿时看书的场景，不胜蹉跎。

看过百本千本之后，无书可看，心中如沸，忍不住开始自己写，书写一个个雾外世界发生的故事，江山如画，将自己的一个个梦想化作文字。

"识"是读书的过程，积累知识；"破"是思考的过程，丰富底蕴。

从"识"到"破"，在万卷书海中我寻找到了自己的热爱，在千般思考中感悟到了书中的真谛，在百味人生中定位好了前行的方向，在十方江湖中体会到了人生的味道。

第二重境界，"磨破"以坚持。

如果说识破是认知、是积累，那么磨破就是坚持、是奋斗。

"读书破万卷"的目的，还是为了"下笔如有神"，不仅要从读书中找到解决问题的办法，以我为主，为我所用，把书读破，书写神来篇章。

更重要的是，在"读书万卷、下笔有神"的过程中领悟到人生哲理，苦厄境遇不坠青云之志，遍布荆棘不失赤子之心。

在我的写作生涯中，有过迷惘、有过彷徨，也有过沮丧。书写的网文作品有扑街、有喜悦、有悲哀、有欢笑，见证过一个个梦想的实现，也历经过一个个挫折的气馁。

面对生活中种种困难，磨伤也好、磨破也罢，对于写作的热爱不曾减少半分，对于梦想的坚持从不曾有过一丝改变。

大道苍茫，唯我独行，经历万劫，坚守信念。

第三重境界，"突破"以升华。

行百里者半九十，不怕步小只怕步止。在历经第一境界和第二境界之后，厚积才能薄发。

在文学创作的这条路上，有生活的艰辛与琐碎，有压力的逼迫和无奈，需要与深夜的灯光为伴，更需要与读者的心意相通，很辛苦、很辛酸。可是，突破的意义就在于战胜自己、收获成功。

关键时刻就是要逼自己一把，紧急关头就是要拼上一次，走出"舒适区"，突破桎梏，突破自己，既要脚踏实地，更要仰望星空；既要高瞻远瞩，更要回头思考。

只有迎风奔跑、乘风破浪、历经千帆之后，才会体会"突破之后"的豁然，收获"灯火阑珊"处的喜悦。

"读书破万卷，下笔如有神"对于一直钟情于码字的我来说，既有写作的梦想，也有初心的坚持。

识破、磨破、突破，读书万卷，无尽人生在纸间；行万里路，淋漓笔墨守初心。

/ 雾外江山

饭疏食，饮水，
曲肱而枕之，乐亦在其中矣。
不义而富且贵，于我如浮云

[出处]

《论语·述而》

[释义]

吃粗粮，喝白水，弯着胳膊当枕头，乐趣也就在这中间了。用不正当的手段得来的富贵，对于我来讲就像是天上的浮云一样。

（一）

粗茶淡饭，两袖清风，这是古代士大夫阶层推崇的一种思想。在现代，我们可以把这种思想理解为，人活着应该追求自身的理想和社会价值，不正当的手段得来的富贵，就像浮云一样，不值得追求。时至今日，对于我们来说，这仍然是应该恪守的精神信仰。

我们常听老一辈人说五谷杂粮能饱餐。这句话隐含的意思就是人不过分追求物质，对于吃穿住行要求得简单点，日子就是快乐的。所谓利相近行不远，当一个人一味追求物质享乐，为了名利不择手段，而不注重精神修养，不但失去了精神的乐土，这样的人生也是空虚无价值的。所追求的物质名利，终将成为过眼云烟，即所谓"不义而富且贵，于我如浮云"。

安贫乐道，并不是放弃物质，并不是做不食烟火的神仙，而是要追求精神上的清心寡欲，不做利欲熏心之事，不做只为利来利往熙熙攘攘之人。不做一只蛀虫，躺在树洞里，只知享乐。心胸坦荡天地宽，生命要像一支蜡烛，不该为物质萦绕，要为理想和崇高的事业而充实、而燃烧，而不屈不挠。

安贫乐道，拒绝不义之财，乃立身之本。一个为了理想和信念奋力前行的人，不以粗茶淡饭为耻，不以富贵为荣。少了几分俗气，保持可贵的"物质清高"。不长富贵眼，粗茶淡饭亦安然。古今做大事者，不拘小节，无不把富贵看作浮云，于国于民戚戚焉，于己于享受，大可视为小节。三年困难时期，毛泽东和老百姓一样，即使因为缺乏营养腿部浮肿也不吃肉，周恩来只喝白米粥还把碗舔净，不是他们没有条件给自己更好的物质享受，是因为崇高的理想，心里装的是为国为民的大事儿，为了国家和人民，"饭疏食，饮水，曲肱而枕之，乐亦在其中"，这是大境界。

人非圣贤，谁无欲求，重要的是，把握好欲求的方向。把有限的生命用在追求无限的理想和梦想之中，摒弃无用的享乐，不贪不义之财、之名，清正做人，坦荡做事，心自安然。

／陈伯清

（二）

儒家崇尚积极进取、勇担责任的人生观，不拒绝富贵名利，所谓君子爱财取之有道，拒绝不义之财和无功之禄。儒家提倡安贫乐道，安贫不是消极人生，安贫是为了乐道。粗茶淡饭，茅屋草舍，一箪食，一瓢饮，只要有理想、有追求，即使物质生活清贫，内心也一样安宁快乐。

我时常忆起网络流传的两张照片：其一是一位其貌不扬的老人，他满脸胡茬、一身黑衣、黑布鞋、光着脚没穿袜子，俨然一副庄稼人打扮，坐在大学的讲台前低头念讲稿。他就是中国遥感技术的奠基人，中科院院士李小文。他忙于科研，生活极简，经常咸菜米粥为食，作为国内遥感领域泰斗级专家，经常被邀请到许多大学进行讲学和专业指导，他每次讲学都穿着一身粗布衣和一双布鞋，被人们称为"布鞋院士"。还有一位是中国工程院院士刘先林，著名测量遥感专家，曾获国家科技进步一等奖，填补多项国内空白，他用很少的科研经费取得一系列重大科研成果，结束了中国先进测绘仪器全部依赖进口的历史。一次，刘院士在高铁上研究资料被人拍到，他风尘仆仆，满头白发，衣着简朴随意，光脚没穿袜子，一双旧鞋落满灰尘。他神情专注，探索科学，分秒必争，为国为民鞠躬尽瘁。两位德高望重的院士，外表朴素"寒酸"，而内心是多么丰富和充实啊！

反观另外一些人，珠光宝气，香车宝马，攀奢比阔，纸醉金迷，追求奢华的物质生活，其精神世界却充满虚无。还有一些人，不修私德，不讲公德，见利忘义，损人利己，发不义之财，最终必被社会所不容。更有一些人，利欲熏心，毫无廉耻，追求名利不择手段，一旦身居高位，不思报效祖国，服务百姓，造福一方，反倒利用手中的权力，作威作福，贪赃枉法，让公权成为自己谋私的利器。所谓"德不配位，必有灾殃"，这样的人必遭人民唾弃，被法律所不容，其名字将成为耻辱的代名词，印在时间的教科书上。

一个有理想、有志向的君子，重视修德修身修心，能享受孤独和清贫，才是内心真正强大的表现。君子乐不是疏食冷水，而是疏食冷水不能改其乐。在物质生活日益发达的今天，只有守住内心的安宁，才不迷失行走的方向。寒来暑往，春华秋实，四季更替，人生有序，淡定从容，进退自如，达则兼济天下，穷则独善其身，做一个有益于社会的人。

/ 李箪

（三）

孔子的这段话，通常被直译为："吃粗粮，喝白水，弯起胳膊当枕头，乐趣也就在这中间了。用不正当的手段得来的富贵，对于我来讲就像是天上的浮云一样。"这样解释当然没有什么不对，但在我看来还是有点简单了。因为以孔子的本意，并非简单粗暴地倡导一种苦行僧式的生活。"乐亦在其中矣"，一个"亦"字，体现的是孔子温柔敦厚的人格质地与随遇而安的人生态度，而温柔敦厚，同时也是仁和义的外化表现。我们不会忘记，同样是在《论语》中，孔子还说："食不厌精，脍不厌细。"孔子并不认为追求精致的生活方式有什么过错，而是提出了一个疑问：精致华丽就可以让人们得到满足了吗？在此，孔子的观点是一以贯之的，强调的是精神上的富足和内心的安宁。

两千多年来，孔子的这种思想和人生态度，不仅为民间的普罗大众所接纳，更逐渐演化为许多中国知识分子的灵魂底色。

北宋元丰二年（1079），因"乌台诗案"，苏东坡被贬为黄州团练副使。不过，这只是一个虚职，实质上是以罪臣身份，监视居住。

苏东坡出生在世代务农之家，至少到他祖父苏序这一辈，都是真正意义上的农人。在贬所黄州，44岁的苏东坡重操祖业，化身为一介农夫。就连他的夫人王闰之，也迅速转换角色，无师自通地学会了给耕牛接生和医病。而从苏东坡在这一时期写下的诗文和书信来看，如此重大的生命转折，并没有给他带来难以忍受的困惑。在《东坡八首》诗中，他写下了作为一个农人的真切感受：看到春天的田地里长出茸茸的绿芽，他又喜悦又惊讶；夏夜他流连在亲手种植的稻田旁边，看尖尖叶脉上的露珠，每一滴露珠里都藏着一枚小小的月亮；到了秋天，蚱蜢的鸣唱之声风雨般在他的四周响成一片……最后，他情不自禁地发出感叹：当年仕途顺利，吃到嘴里的是官仓里的陈米；如今被贬谪到黄州，反而吃到了这么新鲜美味的米饭！

由此，他还写了一篇小品文《二红饭》，说这一年他家收获了20

余石大麦，出售的话，当年的市价太低。这时正好赶上家里的粳米吃光了，他就让家人们舂了大麦做饭用。于是，苏家每天开饭时就很有趣：

> 嚼之，啧啧有声，小儿女相调，云是嚼虱子。日中饥，用浆水淘食之，自然甘酸浮滑，有西北村落气味。

他仍觉得这饭的味道差强人意，便在里面加些红豆一起煮。这样做出来的饭，色泽微红，既有红豆的清香，又兼有大麦的甘滑味长，这让他甚为得意。妻子则笑称，这就是苏东坡发明的"新样二红饭"。

因为真切体验到插秧的辛苦，他发现乡间有一种叫作"秧马"的工具，农夫可以坐在上面插秧和收获，操作起来既省力又省时。他被这个小物件迷住了，仔细研究了一番它的制作方法，连同各部位所用木材的特质，甚至还考据出《史记》中有关大禹过泥地时乘坐的那种木橇，就是"秧马"。他又写了一首《秧马歌》，对这种既古老又实用的农具详细做了一番介绍，还在给朋友们的书信中，请他们利用各自的影响力在乡间推广。

后世之人推崇苏东坡，并非只是敬重于他的旷世才华，更是因为仰慕于他强大的人格魅力——他的幽默和风趣，他置身逆境时的乐观与豁达。而无论居于庙堂之高还是乡野民间，他对生活和生命的热爱，他对友人和乡邻的关怀，自始至终，从未改变。

/ 沙爽

腹有诗书气自华

［出处］

〔宋〕苏轼《和董传留别》

［释义］

饱读诗书的人身上总会自然而然地散发出一种儒雅之气，使他们看起来光彩照人、与众不同。

（一）

这首诗是苏轼凤翔签判任职期满后，赴汴京前与朋友董传临别留赠的。苏轼在就任凤翔府判官期间，在当地结识了一位名叫董传的好朋友。董传当时贫困潦倒，正准备参加科举考试。虽然他身着粗布素衣，但他饱读诗书，满腹经纶，简单粗朴的衣着却掩盖不住他乐观向上的精神风骨。苏轼在诗中一面称许了董传的志向，一面又祝福他金榜得中。虽然苏轼的这首诗在他所有的诗词作品中名气并不大，甚至一些普通读者对这首诗闻所未闻，但"腹有诗书气自华"这一句却成为千百年来被人们广为传诵和引用的名句，其原因大概就在于它精确地概括出了读书对于一个人气质修养的重要性。

一个人的成长是离不开读书的。书给我们带来了无限的遐想和无尽的乐趣，书是我们获取知识智慧和精神力量的源泉。莎士比亚说：

"生活里没有书籍，就好像没有阳光；智慧里没有书籍，就好像鸟儿没有翅膀。"白岩松说："我非常感谢阅读，因为阅读为我的生命种下了那么多可以生根、开花的种子，让我成为今天的我。"

漫漫历史长河中，人生不过是短暂的一瞬。然而，当你把自己浸润在书香里，终身与书籍相伴，就会觉得孜孜不倦的学习和探索不止的实践，能使人生得以延长，让生活变得精彩。

读书不仅使你长知识、明事理，还能丰盈你的灵魂。在读书人的世界里，花可以常开，水可以长流，你不会感到孤单、痛苦，也不会害怕；迷惘的时候，你可以对话先贤；自信的时候，你可以傲视天下。在书籍的世界里，你可以悲悯众生也可以怆然涕下，你可以自由穿梭于身体和灵魂，也可以往来于彼岸与尘世。在读书人的眼里，功名利禄如云烟，万贯家财如粪土，所以才会有陶渊明"采菊东篱下，悠然见南山"的怡然自得，才会有李白"五花马，千金裘，呼儿将出换美酒"的大气豪爽。

其实，最能体现"腹有诗书气自华"的，当数苏轼本人了。苏轼可称得上是全能的文学天才，其散文与欧阳修并称"苏欧"，诗与黄庭坚并称"苏黄"，词与辛弃疾并称"苏辛"。他的书法，名列北宋四大书法家"苏、黄、米、蔡"之首；他的画作，开创了湖州画派，与著名画家、诗人文同并称。不仅如此，他还是个天才美食家，不论走到哪里，无论在怎样艰苦的条件下，都不影响他享受生活，创造美食。至今以他名字命名的东坡肉、东坡羹等各种美食还在餐饮行业广为流行。苏轼于官场起起伏伏40余年，虽仕途多舛，屡遭贬逐，但他始终不卑不亢，不屈不挠。即便年事已高，也没有被命运打败，依然以他宽阔的胸怀寻求面对逆境的安身立命之道。他这一生，不管经历怎样的宦海沉浮、荣辱得失，不论怎样饱经忧患、世事沧桑，面对人生的风风雨雨，他都能坦然做到"一蓑烟雨任平生"。

读书让人变得豁达淡泊。而古典诗词作为传统文化中的瑰宝，更如春风化雨般把读者带进一个个古典唯美的意境中，并让人于潜移默化中变得儒雅端庄、温婉平和。读诗品词，让我们的灵魂变得智慧丰盈，让我们的人生更加绚丽优雅。爱读书的人是不会老去的，即便到了风烛残年，依然雍容高雅，因为那种美早已经刻到骨子里，蕴藏在生命里了。

如果读书是一种修行，那么，"腹有诗书气自华"则是修行的最高境界。

/ 陈艳婷

（二）

在世界东方，宋代大诗人苏轼一生颠沛流离、数次被贬，不管多么沮丧、窝火，痛不欲生，仍然点燃一枚文化的小太阳：腹有诗书气自华。

六百多年后，叔本华隔了大半个地球在德国这样"回应"道：我们读书时，是别人在代替我们思想。

浪漫的文学家从审美角度赞美读书，务实的哲学家则从实用角度慨叹读书，二者的倡导合起来，便是"内外兼修"。

当然，苏轼的"腹有诗书气自华"已经涵盖了内外兼修，不再赘述。所有的书都是导向，指引我们找到路或少走弯路，但书读多了，才能找到正途或捷径。

除了书，世界上没有任何一种东西，能如此包罗万象，无所不有，无所不能。可延伸到历史的深处、找到源头，也能与时代同步、照亮未来，不让前行者迷航。

"熟读唐诗三百首，不会作诗也会吟"，提醒我们熟能生巧，肚子里装了几百首诗词，便已经摸到诗的门拉手。

"读书破万卷，下笔如有神"，则为我们敲响警钟：阅读量不够，就别指望写出什么传神的作品。

"读万卷书，行万里路"，不仅提醒我们阅读量要大，还要不读死书，左手抓理论，右手抓实践，两手抓两手都要硬。

我们从小说的森林中走过，才知道什么是全景人生和广角大世界，感知丰厚的生活和强大想象力，世界原来是奇妙的"万花筒"。

我们从诗歌中走过，便感悟了灵气、灵感、灵敏和灵动，捞出冗沉的杂质，跳出日常羁绊，爱上星空与远方。

我们翻爬一座一座剧作的高山，才体悟到"戏如人生，人生如戏"，从大起大落的情节中体会心律过速，从玄妙莫测的离奇中找到节奏，把握好"起承转合"。

我们从优美的散文田园中漫步，赏举在草尖上的露珠，听春雨敲窗，观推门见蝶，逗蚂蚱歌唱，画枫叶醉酒……

我们与美术牵手，感知色彩造型的魅力，耕耘美育原野，拉升审美修养，为世界增添生动。

每个人对所从事专业知识的阅读，一辈子都离不开。因为，人人都像发光的星星一样定位在不同的星座，既是安身立命、利己，也发光发热、利他。

阅读就像食物能供养生命，不是量变的叠加，而是质变的升华，若水儿变成云，种子变成苗，眼神变成秋波，能创造意想不到的奇迹：天空为什么那样诱人？因为有翅膀飞过；花儿为什么如此娇艳？因为有色彩撑腰；水儿为什么起舞？因为有风儿经过……

那么，什么是"腹有诗书气自华"？

我摘录微信朋友圈的一段话来回答：你读过的书，走过的路，最后都会成为你身体和思想的一部分。

/ 刘国强

高山仰止，景行行止

[出处]

《诗经·小雅·车辖》

[释义]

高高的山岭让人仰望，宽宽的道路供人行走。

想到这句时，我刚刚攀上辽宁北票大黑山顶考察天眼。感叹大自然鬼斧神工的同时想到一个词：景行行止。它的形成是大黑山特殊山顶地理环境状态下，急速前行的风流，凌空碰撞到坚硬的花岗岩壁，受到突然阻挡后，形成一股强烈的气旋，在经历1.8万年以上的超自然风蚀不间断地旋转打磨造成的，是一种独一无二的神奇的地质奇观。面对天眼我无法不相信：世上总有一句话一个人让你信服。

刚下到山脚又接一电话，让写"塞外余香"条幅。一直读苏轼，临苏轼，苏轼于我就是高山，我的目光就是一直仰视，且目光专注从小到现在。

"莫听穿林打叶声，何妨吟啸且徐行。竹杖芒鞋轻胜马，谁怕？一蓑烟雨任平生。料峭春风吹酒醒，微冷，山头斜照却相迎。回首向来萧瑟处，归去，也无风雨也无晴。"苏轼二十岁得进士，少年得志，中年多劫从北到南，接连遭贬，直到海南岛。这跌宕起伏，四海飘零的一生，却让他过得有模有样，妙趣横生。我喜欢苏轼的三观，一种典型的审美人生，以沉浸于文学艺术的读书写作，赏玩人生宇宙的色相、秩序、节奏、和谐为人生愉悦。苏轼具有以儒学体系为根本的人生思想，但仕途的坎坷又使他充满出世与入世的矛盾，又由于浸染释、道的思想而形成外儒内道的作风，乐观旷达。他的仕途坎坷，为人豁达大度，不计前嫌，苦中作乐，"是秉性难改的乐天派，是悲天悯人的道德家，是黎民百姓的好朋友，是散文作家，是新派画家，是伟大的书法家，是酿酒的试验者，是工程师，是假道学的反对者，是瑜伽术的修炼者，是佛教徒，是士大夫，是皇帝的秘书，是饮酒成瘾者，是心肠慈悲的法官，是政治上的坚持己见者，是月下的漫步者，是诗人，是生性诙谐爱开玩笑的人。"（《苏轼传》）"君不见诗人借车无可载，留得一钱何足赖。"是我临得最多的一帖，临帖过程有诙谐有思考，好玩中受益。

苏轼的诗与黄庭坚并称"苏黄"，是宋诗最高的代表；他的词和辛弃疾并称"苏辛"，是豪放派的开创者；他的散文与欧阳修并称"欧苏"，是宋代散文最高成就者；他的书法，苏、黄、米、蔡，占北宋四大家头筹；他的绘画是"湖州竹派"的代表人物之一；他的哲学是蜀学的代表人物；他的史学颇有见地……还有他的苏堤呢，他的三潭印月呢，他的东坡肉呢……

苏轼是一座让后人举头仰止的高峰，是我心中的一盏灯，高悬，时时想起，不曾忘记，学他用慧眼看人间万物，用智慧度自己一生。

/ 李学英

躬自厚而薄责于人，则远怨矣

[出处]

《论语·卫灵公》

[释义]

做一个人，尤其是做一个君子，必须要严格要求自己并善于自我批评，而对人则采取宽容的态度，在批评别人的时候尽量做到和缓宽厚。

"躬自厚而薄责于人，则远怨矣"出自《论语·卫灵公》，是孔子与卫灵公的一句对话。意思是做人，尤其是做君子，必须严格要求自己并善于自我批评，而对人则采取宽容的态度，在批评别人的时候尽量做到和缓宽厚。"躬"就是反躬自问，"自厚"并不是对自己厚道，而是对自己要求严格。做事向前，有过失主动承担责任是"躬自厚"；对别人多谅解宽容，即使别人错了，责备他时也不要像对自己那么严苛，这是"薄责于人"。只有做到这些，才不会让他人产生怨恨。

"躬自厚"是对己。除了严格要求让自己做到最好，还表现在做人要谦逊，韬光养晦，拥有宽宏的器识，不为自己取得的一些成就而沾沾自喜，趾高气扬。宋代欧阳修，文章名满天下，是历史上少有的大文学家，可是他待客时，总是多谈朝廷施政的事情，而不谈及文章。

当时的蔡襄精通政事，但是他待客时，却是多谈文章，而不谈及政事。这两位先贤都非常善于韬光养晦，不会在别人面前炫耀自己的长处，所以在历史上都能够享有盛名，而且仕途通畅直达显贵，一生少有重大磨折，这也有赖于他们洞悉宽宏的智慧，使得君子亲近，小人也不会生出什么怨恨来。

而负面典型也比比皆是。比如《三国演义》中的杨修，恃才放旷，不拘小节，最终被忌才的曹操所杀，死于自己的"聪明"，着实可叹。"初唐四杰"的卢照邻、骆宾王、王勃、杨炯四人以文章而享有盛名，个个才华盖世。当时的大臣裴行俭通晓阴阳，有知人之明，他见到四个人后说道："读书人以后能不能够发达久远，宏图大展，应该是先要看他有没有宽宏的器识，其次才是他的文章。这四人，文章虽好，但多显浮躁浅薄，喜欢炫耀才华，这不是享有爵禄福报的根器。杨炯这个人还稍微显得沉静收敛一些，他能够善终，就算是十分的幸运了！"后来这四人的命运，果然如裴行俭所说的一样，只有杨炯得以善终。

聪明者未必聪明。如果自己的修养没达到和才华相匹配，太过聪明，反倒易生祸端。而智者守愚，不露锋芒，不伤人从而不伤己。

现代社会节奏飞快，人心浮躁，人们为了追求所谓的成功，动辄不择手段。在此大环境下，很多人都在极力表现自己，甚至是刻意去贬低别人来抬高自己，不时对别人的缺点和短处毫不留情地进行贬斥、排挤、嘲笑，以此达到他们内心的满足。因为这些而生发的祸事层出不穷，其中以马加爵事件最为惨烈。这个事件的起因，除却杀人者自身修养不足以及疑似的精神因素，被害者中两人的恶语相向实为导火索，最终造成五个年轻生命不幸消殒的结果，实在令人叹惋。这就是苛责于人而生怨的典型案例，足以为戒。

我在一个大型网络文学周刊做荐稿编辑，平素与各种各样的文友交流探讨，大部分作者都很虚心平和，但也有些人沟通起来会很难，甚至偶尔会出现语言暴力的状况。每到这时，我都会停下来，避其锋芒，作冷处理，也会回头检视，在与之对话的过程中，是否有言语过激的情况，如果有，我会真诚地向他道歉；没有，我也会换位思考：每个人的作品都像是自己的孩子，不被别人认可或被贬损成一无是处，肯定会不舒服，甚至让人恼羞成怒，从而引起对品评者的怨恨。因此我会等他火气消减之后，对他进行精神上的抚慰，比如表达对他坚持写作的敬重，比如对他独立人格的认可等等，绝大多数人经此之后，不但会消除对我的怨恨，而且会主动和我谈起自己作品中的不足。就这样几年下来，我收获了大量的友情与尊重，口碑好了，工作就愈发地顺利。

由此我想到：与其在无谓的小事上斤斤计较，不若经由勤奋让自己变得更好，并通过自己真诚而宽厚的态度去影响别人，让他发现自己美好的一面。这是个良性循环的过程。一个人宽宏的气度来自于日常的修为。严以律己，宽以待人，这不仅是一种做人的态度，更是一种智慧。

/ 郑春

合抱之木，生于毫末；九层之台，起于累土；千里之行，始于足下

[出处]

《老子》

[释义]

合抱的大树，生长于细小的萌芽；九层的高台，筑起于每一堆泥土；千里的远行，是从脚下第一步走出来的。

事物的生成、变化是不断发展的客观规律，老子提出的思想观点是大可生于小，积少可成多，再遥远的路途，也在脚步的方寸之间。用树苗、泥土和脚力为意向，说的是大事物都是从细微处开始。

这些司空见惯的事物，也许太普通，不足为奇，但请不要漠视，这些事物，经过不断转化，类似于野草的小树苗也可以生长成高可参天的大树——粗壮的树干，要用双臂才能抱拢，这样的大树，它初始的样子竟是一棵有如野草般的树苗成长起来的；九层的高台，是从低处筑起来的，今人疑问老子的本意，是这个字的"累"，还是这个字的"垒"，两个字字同音不同，累土：地之低者，垒土：积累堆砌，但无论是哪个字，都是从低至高；上千里的远行，近日在此，明日在彼，不一样的风影，要仰赖每走一步的方寸之间。

　　它从枝丫细小的幼芽伸枝阔叶成头顶蓝天的大树，请不要忘记它曾是你走过的青草地上的一棵弱小的树苗，它经历过春夏秋冬，也经历过雨雪风霜，它有苗壮的外表，也有坚韧的内里；高大的雄伟建筑物，是由平地上很不起眼的泥土黏合筑起，过去没有钢筋水泥，往工地运土是一筐筐担，筐虽不大，积少成多，一座高耸入云的建筑才得以建成；如果心中有奔向远方的梦想，不要沉浸于臆想天开，要做出实际行动，迈出你的腿，也许路途不会一帆风顺，一步一步地坚持下去，脚踏实地就是成就梦想。

　　所以我们做事情，不要因事小而不为，功夫在平时，要耐得住性子，先是从小事做起，一点一滴、日复一日地坚持不懈才能有所大成。

/ 许杰

己欲立而立人，己欲达而达人

[出处]

《论语·雍也》

[释义]

自己想要立于世，也应该让别人立于世；自己想要腾达，也应该让别人腾达。

孔子身处两千多年前的那个社会，能够从社会的实践当中提炼出自己对社会和人生的看法，并形成一套较为完整的思想体系，着实不易。他是"克己复礼"思想的倡导者、身体力行者，在整个社会的"礼"和行为规范上，做了先进的表率。

"己欲立而立人，己欲达而达人。"这句话里包含着做人如何实现自我的社会价值，和如何让别人实现别人的社会价值的思想。这种思想是中国传统文化的根基、命脉。

其实，实现自己的社会价值是一种过程，这种过程是建立在帮助别人实现社会价值的行为之上的。大的说来，当下这个时代，我们正在全民奔小康，习近平总书记说"在脱贫致富的路上，一个都不能落下"，这就是一种"立人""达人"的具体体现。

我从事网络文学创作已经十三年了。十三年当中，我既受到过别的网络作家的帮助，也一直在帮助别人。十三年前，我刚刚迈入网络文学门槛的时候，对于网络文学的创作和网络文学的审核过程是比较懵懂的，那时候不知道网络小说的起名要素、创作技巧、题材选择等众多学问，是一批比我还早地进行网络小说创作的网络作家帮助了我，让我找到了创作的门路。从此，网络小说就成了我实现自我价值的一个途径了。

后来，当我的网络小说创作变得熟稔起来，在面对那些刚刚踏入网络小说的创作门槛的新一代网络作家的时候，我也开始用各种方式帮助他们，使他们也能用网络小说实现自我的价值。现在，我更加确信"己欲立而立人，己欲达而达人"，不仅是一种人与人之间的社会关系，更是一种爱的传递。

那些在网络文学门口，因对创作不熟悉、不明白的网络作家，惶惶然徘徊的时候，我们伸手拉他们一把，他们就能够进入这个领域，能够迈进这个大门。

其实根本就没有天生的作家，所谓的天才，和我们每一个人一样，都是"一切社会关系的总和"，这是马克思的名言。他的这句名言，与孔子在两千五百年前提出的"立己、立人，达己、达人"，这种通达的人文思想是不谋而合的，是从本质上有着水乳交融的共同点的。

而我们现在所做的立人、达人的社会行为，正是促进人类不同民族、不同信仰的相互融合和理解的一种行为实践。浅显一点儿来说，能帮别人一把，就帮一把，因为谁都不会知道，那些刚刚踏入文学门槛的、那些刚刚进行小说创作的、那些正在进行小说创作的，谁会成为下一个马尔克斯、谁会成为下一个海明威。

/ 李枭

精诚所至，金石为开

［出处］

〔明〕凌濛初《初刻拍案惊奇》

［释义］

人的诚心所到，能感动天地，金石都为之开裂。比喻只要专心诚意去做，什么疑难问题都能解决。

这句话最早见于庄子的《渔父》篇中，记述了孔子向一位渔父虚心求教，渔父对孔子提出"真"的见解。

《渔父》原文是：真者，精诚之至也，不精不诚，不能动人。意思是说，所谓的真，就是精诚的极点，不精不诚，不能感动人。庄子借渔父之口，重点论述的是真，是精诚。汉代，王充在他的《论衡·感虚篇》中，将这句话加以扩展，用例证金石化为具体："精诚所加，金石为亏。"南朝的范晔在《后汉书·广陵思王荆传》，将此句演化为"精诚所加，金石为开"。到了明代，凌濛初写的《初刻拍案惊奇》第九卷里，出现了"精诚所至，金石为开"。因为话本语言通俗，这句话因此流传甚广。

"精诚所至，金石为开"表明了人的诚心所能达到的程度，也就是一个人如果能够达到"真"，即精诚，哪怕是最坚硬的金石，都会被感动得为之开裂。

精诚所至，金石为开。最形象的是"飞将军"李广射虎。"林暗草惊风，将军夜引弓。平明寻白羽，没在石棱中。"昏暗的树林中，草突然被风吹动，李广在夜色中开弓射箭。等到天亮去寻找白羽箭，发现已深深地射进了石头里。白羽箭为什么能射进坚硬的石头？当然和李广的武艺高强、膂力过人有关，更主要的是李广身临险境，镇定自若，全神贯注，心念高度集中所产生的"真"。这种结果虽然似神化般夸张，但有它的合理性。就像形容书法，会"力透纸背""入木三分"，是人的功力达到的最高境界。

精诚所至，金石为开。最动人的是白衣天使抗疫。庚子年前后，一场突如其来的新冠肺炎疫情成为新中国成立以来，我国遭遇的传播速度最快、感染范围最广、防控难度最大的一次重大突发公共卫生事件。当党中央作出全国对口支援湖北的决定后，一个多月时间内，全国各地和军队的援鄂人员迅速集结，346支医疗队、4.26万名医务人员从四面八方汇集武汉。白衣天使们舍生忘死，奋不顾身。用高超的医术，高尚的品德，诠释"真"的含义，最终击退疫魔，挽救生命。大医精诚，疫散霾开。

精诚所至，金石为开。最有力的是党和政府带领全国人民向第一个一百年目标冲刺。2020年，是脱贫攻坚决战决胜之年。我国将全面建成小康社会，实现第一个一百年目标。为人民求"真"，精诚团结，就没有任何困难不能战胜。为世界谋利，精诚合作，构建人类命运共同体的目标就会实现。

/ 张凤凯

静以修身，俭以养德

〔三国〕诸葛亮《诫子书》

〔释义〕

心静可以修正身心，节俭可以培养德行。

在马克思主义哲学理论体系中，存在和物质这两个概念与物理世界相关。比如说，跟人类关系最密切的是太阳、月亮和地球，它们都是转动的。这个是"动静有常"，肯定有一个固定的规则，是有常规的，不能改变的。换一个说法，又叫自然法则，既然叫法则一定是有规律的，就又知道了一个概念——自然规律。古圣先贤，告诉我们这个自然的规律，是不能违背的。假如违背了，人类必然会出现乱象环生，灾祸无穷。

人生有两个命：身命与慧命。慧命是指心智，身命是指身心。二命同位一体，最终都指向了人心——思维、心念、想法。那么是不是诸葛亮发现了"静以修身"呢？答案是未必。古圣先贤早已有之，只不过是他加以总结而已："夫君子之行，静以修身，俭以养德。非淡泊无以明志，非宁静无以致远。"如果心（思维，心念）出了问题，身体自然就会出问题——"命由心造，福自我求"。让自己的身心平静下来，按自然规律办事，福报自然会来。

因此，宁静致远说的是心。心宁静了，心志才能存高远。

俭以养德应该是什么样呢？

中华传统文化价值观还有两个字：感恩。知道感恩就可以修德。

人类的童年应该是这样度过的，惜福、积福、勤俭节约，避免浪费。世间无难事，只有吃饭难，为什么？孩子从小就开始培养感恩的心，节俭。感恩自己所拥有的一切，哪怕是一张纸。

有一篇"吃饭感恩致辞"，其实，也不仅仅是孩子们，即使是每一个人在吃饭前都应该朗读一遍，据说对我们的身体很有好处，文章叫《饭食之德》：

"饭食之德，一粥一饭，当思来之不易，自奉必须简约，宴客切勿流连。饮食约而精，园蔬愈珍馐，勿贪口腹而恣杀牲禽，萝卜白菜保平安人生。或饮食，或坐走，长者先，幼者后。对饮食，勿拣择，食适可，勿过则。若衣服，若饮食，不如人，勿生戚。厨中有剩饭，路上有饥人。端身正意，感恩词开始。"

感恩天地滋养万物；感恩国家培养护佑；感恩父母养育之恩；感恩老师亲情教导；感恩同事、同学关心帮助；感恩农夫辛勤劳作；感恩大众信任支持；感恩世间一切有缘众生。现在开始就餐！

当这个感恩词读诵完毕，吃的饭菜才是健康的美食，甜美的，不仅仅是健康了自己的身体，就是对自己的品德也会产生进一步的提升。造福于社会、造福于国家、造福于子孙，为国家和民族做奉献的时候，用自己的福报回馈社会大众。

培养自己的懿德，就是比美还要美的美德。即是古圣先贤倡导的"修身、齐家、治国、平天下"。"平天下"是说心中发出一个伟大的愿望——天下太平的意思。

/ 荆宏伟

君子不器

[出处]

《论语·为政》

[释义]

君子不像器具那样，作用仅仅限于某一方面。

"君子不器"一言出自《论语·为政》，其本源可溯至《易经·系辞》，其中对"器"有这样的解释：形而上者谓之道，形而下者谓之器。"君子不器"的意思是，君子应当心怀宽广，虚怀若谷，兼容并包，不要像器具那样，将自己的身体或思想囿于某一方面。随着社会的高速发展，"君子不器"的含义更是在不断延展。

君子不器，不器于思。如今越来越多的人在提倡"跨界思维"，鼓励尝试打破思维的局限，去寻求碰撞，用"组合拳"来武装自己。爱因斯坦跨过学科的围栏，将椭圆引入物理学，建立了广义相对论；上海跨过建设的围栏，将中西方文化结合，获得了"东方巴黎"的美誉。互联网跨过职业的围栏，将推销和直播结合，形成了"直播带货"的热潮。"君子不器，不器于思"，就是不断接受，不断过滤，从而不断学习，把自身的价值挖掘到极限。无数的例子告诉我们，打碎思维的框架，才能收获框架外的宽广天地。

君子不器，不器于志。俗话说："三百六十行，行行出状元。"夜空从不只因明月而闪耀，万千的群星才是最浩瀚的璀璨。社会发展中最坚实的推动力永远来自于人民以及那些最平凡的个体。而时代的前进不仅提高了生活质量，也增加了人们的选择。我们看到数学系大学生毕业做快递员，法律专业的高才生从事育儿嫂工作，金融硕士婚后成为全职妈妈，学习生物科技的博士生毕业后回到家乡研究种植西红柿。所谓"职业贵贱"的界限在不断模糊，越来越多的人放下了对劳动的偏见，投入到更贴近生活的基础性环境中。以自己在学习中锻炼出的规划能力、分析能力、表达能力获得了行业的高度认可，并同时反哺行业，带动了整个行业水平的提升。

君子不器，不器于时。有道是"烈士暮年，壮心不已"，梦想的半径不应被年岁所制。尤其是在经济发达的今天，人们受到来自年龄的制约越来越小，老年往往成为最自由同样也离梦想最近的一个时期。借助老年大学、社区活动，越来越多的老年人在退休后收获了一技之长，完成了年轻时未竟的愿望，站在了向往已久的地方。而借助于科技的力量，更多的大爷、大妈借助手机成为自媒体人，在平台上分享做饭、钓鱼、整理等擅长的本领，甚至有"阿木爷爷"因展示中国传统木工技能火爆海外，让世界了解到古老的中华智慧。

"君子不器"，归根结底是一种勇气和魄力。是面对困境时的坚定果敢，是面对选择时的脚踏实地，是面对光阴时的从容不迫。只要无惧无畏，无碍无界，心之所向，皆为坦途。

/ 陈萨日娜

君子不恤年之将衰，而忧志之有倦

[出处]

〔东汉〕徐幹《中论·修本第三》

[释义]

君子不忧虑年华渐老，而忧虑自己的志气有所倦怠。

人生一世，草木一秋，华发总会覆顶，容颜终将老去，纠结于美人迟暮没有什么意义，因为这是无法改变的自然法则。人生不会因为你的忧伤便会停止行进的脚步，就像再高价的化妆品也不会留住逝去的青春一样，有些东西如东流之水，逝者如斯。人不要斤斤计较自然生命的寿夭，因为这种忧虑不过是杞人忧天，除了徒增几道皱纹外，再无其他用处。著名学者钱念孙先生认为：君子应该超然于生死之外，不要被它所局限、所困厄。做到这一点虽然很难，但一个人看淡什么、看重什么，却完全取决于自己。

曹操有一首流传千古的诗句："老骥伏枥，志在千里；烈士暮年，壮心不已。"仔细品味一下，这是一种什么样的胸怀和格局！为什么后人喜爱这首诗，因为它写出了人生的壮阔。生有限，志无涯，人的生命虽然短暂，但人的志向却可以直冲云霄，跨越时空。人们常说鸿鹄之志，就是因为鸿鹄能够高飞，在天空中不受任何阻挡。

志气是人生的灵魂之光，人一旦没了志气，便会萎靡不振，变得浑浑噩噩。试想，这样的人生价值何在？就是上天再借给你五百年，你不也是一块行尸走肉吗？徐幹所忧虑的就是这一点，君子不能失去精气神，人要想活出精彩、活出价值，必须让灵魂之光高高照亮人生之路，哪怕倒在奔向光明的路上也在所不惜。

那么，人应该怎样树立自己的志向呢？不切实际肯定行不通，好高骛远则会透支信心，值得借鉴的一种选择是将自己的志向，与民族、国家乃至人类的命运有机融合起来，明智地选择发力落脚点，然后初心不改，久久为功，一级一级地攀登，最终壮志得酬，实现人生的质变。

当然，立志容易守志难，许多人因为空立志、不守常，最终导致一江春水枉自东流，辜负了韶华。必须承认，生活中能志得意满的人还是少数，追梦路上的芸芸众生如过江之鲫，大多数都止步于艰难的旅途。应该赞美那些倒伏在追梦路上的人们，因为他们奋斗了，尽力了，他们的努力本身就是他们人生的价值。人们常说的不以成败论英雄就是这个道理，对运动场上最后一个跑到终点的人，不能吝啬掌声。

/ 老藤

君子慎以辟祸，笃以不掩，恭以远耻

［出处］
《礼记·表记》

［释义］

君子用谨慎来避祸，用笃行善道来使自己不困窘，用谦恭来远避耻辱。

据中国历史上著名经学家，史称"经神"的东汉大儒郑玄注释，《礼记》中的"表记"篇是"以其记君子之德，见于仪表者也"。这一小节产生的背景是，孔子带领学生周游列国，谋事诸国，四处碰壁，没能得到任用，"心有厌倦而为此辞。托之'君子'，所以自明其德"。由此可见，当时的孔子，未能获得治国平天下的机会，但仍然不忘修身树德发圣人之言。

这句话里的关键词"慎""笃""恭"，不仅适用于普通人修身养性，提高个人素质，同样也适用于党员干部锻炼党性修养，维护党性原则。

用习近平总书记多次对广大党员干部提出的要求，"慎"就是"慎权、慎独、慎微、慎友"。领导干部要管住自己手里的权力，管住自身的欲望，防微杜渐，时时检醒自己，做好思想政治建设，老老实实做人，干干净净做事。

"笃"就是强调实干、注重落实。实干精神是我们党的优良传统，注重落实是共产党人的政治本色，2012年11月29日，习近平总书记在参观《复兴之路》展览时发表重要讲话。他在讲话中说："空谈误国，实干兴邦。我们这一代共产党人一定要承前启后、继往开来，把我们的党建设好，团结全体中华儿女把我们国家建设好，把我们民族发展好，继续朝着中华民族伟大复兴的目标奋勇前进。"只泛泛而谈地讨论国家大事、不联系实际解决问题，会耽误国家的发展，只有脚踏实地、真抓实干，才能使国家兴旺发达。

"恭"就是"温良恭俭让"的君子风范。习近平总书记讲过的"一命而偻，再命而伛，三命而俯"的故事，就是对"恭"最好的注释。春秋时期宋国大夫正考父是几朝元老，对自己要求很严，他在家庙的鼎上铸下铭训"一命而偻，再命而伛，三命而俯。循墙而走，亦莫余敢侮。饘于是，鬻于是，以糊余口。"意思是说，每逢有任命提拔时都越来越谨慎，一次提拔要低着头，再次提拔要曲背，三次提拔要弯腰，连走路都靠墙走。生活中只要有这只鼎煮粥糊口就可以了。习近平总书记说："我看了这个故事之后，很有感触。我们的干部都是党的干部，权力都是党和人民赋予的，更应该在工作中敢作敢为、锐意进取，在做人上谦虚谨慎、戒骄戒躁。"

"慎""笃""恭"虽然都是外在的表现，但实质上却包含着由内及外，内外兼修的转化过程。对于党员干部而言，"慎""笃""恭"都是需要时时修炼的内功，"君子之德"就是党性原则，是党员干部必须持有的准则。党员干部只有认真学习党章，严格遵守党章，首先把内功练好了，才会真正地"见于仪表"，才能修身正己，洁身自好，拒腐蚀永不沾，从而"避祸远耻"，不至于在仕途上栽跟头，成为让党放心，让人民满意，廉洁奉公、勤政为民的好干部。

/安勇

君子欲讷于言而敏于行

[出处]

《论语·里仁》

[释义]

君子应当少说多做。

"君子欲讷于言而敏于行"出自春秋时期孔子及其弟子所著《论语》的"里仁"篇。理解这句话的关键在于对"讷"与"敏"两字的认识。

在《孔子家语》"观舟"篇与《说苑》"敬慎"篇中曾记载孔子读过《金人铭》中的一句话:"无多言,多言多败,无多事,多事多患。"

既然如此,"讷"肯定不能当作口才不好,迟钝的意思。"讷于言"指的并不是不表达自己,而是要不夸张,不过分谦虚,合理适度地表现自己。即说话时需要注意时间场合。"讷于言"这句话对应着现代社会的言多必失。

再看另外一个"敏"字,在清朝焦循所著的《论语补疏》中,敏是审,审慎。

"敏于行"不是让我们想做就做的意思,更不是让行动超前于大脑的思考,做出一些事后追悔莫及的事情。

在现代社会中,想要做到"敏于行",我认为首先需要从知行合一做起,努力把认知与行动结合到一起,这样做事才能有成绩,有结果,而不是只有一个自我感动的过程。

这句话听起来容易，但做起来很难。共和国勋章的获得者黄旭华堪称"敏于行"的代表人物，作为核潜艇之父，他做到了干惊天动地事，做隐姓埋名人的要求。

作为从事国防高科技领域的科研人员，黄旭华对工作极为认真，62岁时还随着潜艇下潜至水下300米。他是世界上核潜艇总设计师亲自下水做深潜试验的第一人。他把一身才华奉献给国防事业。多年来，连他家里人都不知道他从事的工作内容。他做到了"讷于言而敏于行"的要求。他堪称君子。

我想君子指的就是心中有底线，敢于坚持原则，努力创造出一番成绩的人。那么君子是一个很遥远的位高权重的身份吗？君子是一个远远高于大众行为规范的高大全的形象吗？君子是注定要被所有人颂扬敬仰的吗？

肯定不是。即便在当今互联网时代，信息传播相对快捷，一个人要做到被所有人都认同，那也是一件不可能完成的事情，更不要说在古代了。

我认为君子的特点是守正道，而不是机灵，聪颖。君子也不是一个标签化的称呼。比如《三国演义》中的杨修肯定不能被称为君子，他没有做到"讷于言"的行为要求。

杨修多次在曹操面前卖弄自己的聪明，实际他的聪明对行军理政没有一点帮助，只是一味地抖机灵，最终引来杀身之祸。

可见君子与官职的高低没有关系。君子可以是万千百姓中的普通人，也可以是我们自己在心中道德规范的一个投影，那么"讷于言而敏于行"就和每个人都息息相关了。

这就需要我们做事时既要注重过程，也要注重结果。不能只是吹嘘自己，抖机灵，而是要踏踏实实，全心全意投入到工作中，才能成为君子。

/ 李章宇

君子之交淡如水，小人之交甘若醴

[出处]

《庄子·山木》

[释义]

君子的交谊淡得像清水一样，小人的交情甜得像甜酒一样。

我喜欢这句话，每当听人提起，心气就会无端地安静下来。这句话的精妙之处就在于"淡如水"。淡如水区别于浓似蜜，区别于喧嚣与嘈杂。淡如水，是心境，是与生俱来，抑或是经岁月淘洗出来的。此时，我的脑海中浮现出一位叫青平的朋友。青平是安徽宣城人，多年前来沈阳开了一家"徽菜小馆"，我是一个偶然机会走进他的"徽菜小馆"的。

"徽菜小馆"坐落在沈阳市铁西区。小店的门脸是用青砖罩面，牌匾是仿古式的屋檐，显得祥和安静，这气氛是我喜欢的。我因为躲雨站在小馆屋檐下，不久门开了，走出一个30多岁的人，他微笑着说：进来避雨吧，不吃饭也没关系。声音低沉磁性，有一种不容抗拒的力量。我说谢谢，随他进入店内。

店内很干净，有徽派建筑的元素在里边，黑白色调，座椅摆放对称，空地没有一件杂物，显得内敛安静。我说你这小店优雅得像茶楼般，他笑了，说我给你倒茶。一会儿老板便给我端来一杯茶，碧绿的茶叶在晶莹的玻璃杯中跳舞，我喝了一口，口感很好，我说，好茶好茶，入口清香，回味甘醇。老板说，这是我们家乡的特产敬亭绿雪。我说怪不得，原来是安徽名茶。说了会儿话，喝了杯茶，肚子竟咕咕响了起来。我说原本没想吃饭，现在却饿了。

老板笑了，我给你做个汤，再搭配下我家乡的小菜如何？一会儿的工夫服务员端上来一碗白饭，一盘酸豆角，一碗碧绿的丝瓜汤，这两样我都没吃过，尝了一口果然味道不错，我说酸豆角真好吃。老板说，很有营养的，可以助消化，增食欲。我从小就会做，跟母亲学的，你再尝尝汤。我又尝了一口汤，很鲜，我说好喝，我从来没喝过这么好喝的汤。

老板说，这个汤有一种独特的宣味。宣味？老板说话有口音，我没太听懂。老板说，是来自食材本身的味道。所以，所用材料都是从老家宣城发过来的。这里的丝瓜还好，毛豆不行，这里卖的毛豆都是外地拉过来的水毛豆，味道大打折扣。

后来我和我的朋友家人都成了"徽菜小馆"的常客，大家都喜欢这里清幽的环境，也喜欢那些色香味俱佳的菜品，最喜欢的还是老板宋青平，一位善解人意的谦谦君子。

2013年端午，饱受病痛折磨的母亲离世。晚上，我突然看到一个熟悉的身影来到母亲的灵前，默默地鞠躬、上香。我见是青平，就问你怎么来了？青平说，我听说了，就来了，这样的时候最需要朋友站在身旁，兄节哀。我听了泪流满面。

今春，我路过时发现"徽菜小馆"已经不见了。我掏出电话，却发现打不通了，难道他已静静地离开了沈阳？我伫立道旁，默默地想着青平。人生如水，水静无波。我们往来并不紧密，甚至清淡如水，但一想到此生可能再也不得相见时，我的眼泪就要掉下来了。

/ 秋泥

渴不饮盗泉水，热不息恶木阴

[出处]

〔晋〕陆机《猛虎行》

[释义]

再渴也不喝盗泉的水，再热也不在有毒的树下乘凉。

陆机是西晋时期诗人，他的《猛虎行》表现了他的雄心壮志。"渴不饮盗泉水，热不息恶木阴"这句是开篇两句，意为特定环境最能考验人，能抵挡得住你最需要的东西的诱惑，才有可能保持你的气节。

盗泉，人饮其水就会起盗心；恶木，人坐其下就会中毒刺。在正常情况下，没人会主动喝盗泉之水，也不会有人喜欢被毒刺刺中。

但如果太"渴"，或是太"热"，望着看起来清澈见底的盗泉水，看着阴凉可人的恶木阴，原本坚定不移的行人，是否会在此时动心呢？

"喝一口盗泉水，大概也不会怎样，怎么就会那么神奇呢？""在恶木阴下休息一会儿，只要我小心一点，哪就会这么倒霉被刺中呢？"

这种侥幸心理，人皆有之。许多人在春风得意顺风顺水之时，也并不是真的可以拒绝那看起来无害的诱惑，只是觉得"没必要""不值当"罢了。

但人不会总能充当小说的主角，具有主角光环。不要说陷入较大的逆境，单就一些平常小事，也会让心中的天平倾斜。昔日学习不如自己的同学，如今开上了奔驰宝马；参加工作晚于自己的后辈，如今平步青云成了自己的领导。如果此时，那些诱惑再一次出现在眼前，心中的那些侥幸，是否会再次蠢蠢欲动呢？自己是否还能守文持正呢？

许多江洋大盗，起初也不是十恶不赦之人，或是手头拮据，或是一时贪念，来了一次侥幸的顺手牵羊；许多贪官赃吏，起初也都可能立志报国，或是心中不平，或是随波逐流，来了一次侥幸的人情往来。懂得偷窃贪赃被发现的严重性，却寄希望于侥幸；懂得洁身自律应成为习惯，却自己拆掉了坚守的城墙。

习近平总书记一再强调，不忘初心、牢记使命，是一辈子的事。共产党员的党性不是随着党龄增长和职务提升而自然提高的。初心不会自然保质保鲜，稍不注意就可能蒙尘褪色，久不滋养就会干涸枯萎。在各种"渴""热"之下，很容易走着走着就忘记了为什么要出发、要到哪里去，很容易走散了、走丢了，更容易饮盗泉之水、息恶木之阴，因一时之侥幸，受一世之蒙尘。

一言以蔽之，信仰有多纯洁，奋斗就有多纯粹；宗旨有多坚定，担当就有多无悔；追求有多卓越，成果就有多不凡。广大党员、干部经常进行思想政治体检，同党中央要求"对标"，拿党章党规"扫描"，用人民群众新期待"透视"，同先辈先烈、先进典型"对照"，不断叩问初心、守护初心，不断坚守使命、担当使命，始终做到初心如磐、使命在肩。要以党的创新理论滋养初心、引领使命，从党的非凡历史中找寻初心、激励使命，在严肃党内政治生活中锤炼初心、体悟使命，把初心和使命变成锐意进取、开拓创新的精气神和埋头苦干、真抓实干的原动力。

/ 吕颖

千里之行，始于足下

［出处］

《老子》

［释义］

走一千里的路是从迈第一步开始的。比喻事情的成功，是从小到大逐渐积累起来的。

"千里之行，始于足下"关键在于一个"始"字。只有开始迈出第一步了，你才会一步一步接近你理想的目标。

修身养性也是从一个"始"字开始。2020年3月12日，我读到一本名叫《微习惯》的书，通过这本书，我对"千里之行，始于足下"有了更深的了解。作家斯蒂芬·盖斯说："微习惯是一种非常微小的积极行为，微习惯会帮助你改变自己。"但重要的是你要有一个开始。向好的人、好的事，向善良与感恩，向美好的未来，你要开始迈出第一步。

我试着这样做了。2020年3月15日开始，我试着迈出了我人生的第一步，从自身开始改变自己。我坚持每天至少读两页书，至少学习一首古诗，至少写五十个字，至少要练一个小时的瑜伽，若有空闲就去舞蹈。我坚持到今天，从没放弃过写作，从没放弃过练瑜伽，从没放弃过读书和背诵古诗。时至今日，我已读了50多本书，我的《微力量》已写了八万多字，古诗也学习了一百多首，瑜伽和舞蹈与日俱增。这些都来源于一个微小的开始。因为这样的开始，我感受到生命里的殊胜。我被诗词浸润，虽然不能完全记得，但诗词的美已深入我生命的骨髓，我满心欢喜，轻触"枝枝新巧"，慢吟"纤秾娇小"，随微风"吹花送远香"。再不怕人生已暮，"东风恶，欢情薄"，仿佛自己永远活在少年间。当自己的文字被印成铅字，"生命的精彩"跃然纸上，我知道我已跨越了从前的自己。然而这一切的一切都来源于一个微小的开始。

我曾在《微力量》里写下过这样一段文字："如果你总是站着不去舞蹈，你永远都只是一个看客，如果你试着舞蹈，你就有可能成为生活的主角。"这是我对"千里之行，始于足下"的最深刻的理解。

中国这么大，若每一个人都能从改变自己开始，独善其身，那么未来中国的改变也将不可估量。

习近平总书记在党的十九大报告中指出，文化自信是一个国家、一个民族发展中更基本、更深沉、更持久的力量。没有高度的文化自信，没有文化的繁荣兴盛，就没有中华民族的伟大复兴。

文化自信的起始是中国的民众，也就是说，文化自信来源于你我，文化自信从你我开始，千里之行，始于足下，"是要人们选取行动的一生，而不是卖弄一生"，在通往未来的路上，需要的不仅仅是一双理想的翅膀，更需要一双脚踏实地的脚掌。

/ 戴晓

穷不失义，达不离道

［出处］

《孟子·尽心上》

［释义］

人落魄的时候不丧失道德的标准，人显达的时候不背弃做人的原则。

孟子曰："穷不失义，达不离道。"何谓义？何谓道？佛说，红颜白骨皆是虚妄，青青翠竹尽是法身，郁郁黄花无非般若。草木参禅，虽荣枯不由主，爱憎却由心。人亦如此，年华易逝，穷达有定，唯有心，可在风尘中愈发洁净。

今年高考成绩刚出来的时候，随之而来有很多励志的故事占据了各大媒体平台。比如19岁的学霸林万东，他生于云南一个贫苦的家庭，父亲因病失去劳动能力，家中还有弟妹需要供养，一家人的生活重担都在林万东母亲身上。为了减轻家庭负担，林万东在假期常常跟着母亲到工地干活，每天扛着沉重的水泥板，瘦弱的身躯背上百斤的沙子，回到家后还要照顾生病的父亲。他心疼母亲的辛劳，发奋学习，立志靠自己的能力摆脱贫穷，终于在今年的高考中以713分考入清华大学。一个年轻的男孩子，在穷困潦倒之时，没有怨天尤人，没有放弃梦想，没有离经叛道，没有歪曲人生。而是用自己的努力攀登学业的高峰，用无比强大的意志力为一个苦难的家庭点亮了一盏充满希望的明灯。所谓落魄，所谓逆境，不过是成长路上凤凰涅槃时的熊熊烈火，燃尽则新生。

这让我突然想到了另外一个当年被传得沸沸扬扬的故事。同样是出身贫苦的家庭，同样是面临高考的学子，他比较幸运，得到了一个女明星的资助，如愿考上了大学，却在大学里挥霍无度，成绩一落千丈。他把资助人当成了理所应当的"取款机"。女明星了解了情况后终止了资助，他又变回了一个贫困生。他后来在网上公开给女明星写了一封长达6000字的书信，里面有感激，但更多的却是责怪，认为女明星挣钱容易，对他却太过小气，既然资助却不资助到底。真是人心不足蛇吞象。人穷不可怕，可怕的是志短，更可怕的是失去人的基本道德，失去了内心的洁净。

其实相比于穷不失义，我想最难的应该是达不离道。2018年，一部电视剧《人民的名义》风靡全国，"农民的儿子"瞬间成为一个贬义词火遍网络。电视剧开头是一位国家部委的项目处长被人举报受贿千万，当最高人民检察院反贪总局前来搜查时，看到的却是一位长相憨厚、衣着朴素的"老农民"在简陋破败的旧房里吃炸酱面。一番搜查下，辗转几个地方，终于在一栋别墅里搜出巨额资产，这位"巨贪"痛哭流涕地讲述自己也曾是"农民的儿子"，也是从苦日子里熬出来的，却在显达的时候背弃了做人的原则，辜负了人民的期盼，最终走上了一条被世人唾弃的不归路。电视剧里的素材总是源于生活，随着国家反腐力度的逐年加大，我们看到那些可恨又可怜的"贪官"背后有多少是所谓的"农民的儿子"，是"寒门"里走出的"贵子"，也曾在逆境中咬紧牙关迎难而上，也曾怀揣梦想为人坦荡，他们用超出常人千百倍的努力和汗水换来了锦绣前程，最终却因为逃不开的贪念和欲望大厦覆倾。他们做到了穷不失义，却做不到达不离道。

人，生而善良。能改变一个人品质的，冲出道德底线的，无非欲望。不是说人不应该拥有欲望，而是欲望应该有道。就像是君子爱财，取之有道、用之有道、弃之有道。真正有道德的人，他追求功利又超越功利，在合情、合理、合法的情况下拥有功利，但功利又只是工具，是当仁不让、责无旁贷去实现我们心中幸福、自由、爱的工具。无论是生活窘迫，还是处境优越，能有不脱轨的欲望和适可而止的功利心，我想，幸福也大抵如此。

／田璐

人谁无过，过而能改，善莫大焉

[出处]

《左传·宣公二年》

[释义]

一个人谁能没有错，有了过错能够改正，没有比这再好的事情了。

人生在世，都有可能犯大大小小的错，但能知道改正，就是一个华丽的转身。一个人改正了过错，思想境界提高了，为人处世，甚至治国平天下，就可以树立良好的典范，可以干一番惊天动地的事业，成为顶天立地的英雄好汉。纵使在日常生活和工作中，也能给人良好的印象；也能以自己的言行，去影响别人，启发别人，共同走向美好的远方。

历史上相传"廉颇负荆请罪"的美谈，一直鼓舞人们勇于承认错误，并下定决心改正，转身走向美好。廉颇自认为自己武功显赫，而蔺相如因为"完璧归赵"被封为上卿，位居廉颇之上。廉颇故不服，曾多次想与蔺相如在路上相遇时羞辱他。蔺相如知而避之，宽宏大量，使廉颇知错，应该以文以武，共同辅佐社稷，方能振国安邦，因而演绎了历史上的一段佳话。"千里修书只为墙，让他三尺又何妨"，清朝《六尺巷》的美德，至今传颂。曾因争地起纠纷，知错后，宽容礼让，留下六尺巷。列宁曾说过："聪明的人并不是不犯错误，只是他们不犯重大错误同时能迅速纠正错误。"列宁小时候打碎花瓶的故事，就是诚恳认错、知错就改的范例，就是我们学习的好榜样。

达尔文说："任何改正，都是进步。"索福克勒斯也说过："一个人即使犯了错，只要能痛改前非，不再固执，这种人并不失为聪明之人。"可见承认错误并不是自卑，也不是自弃，而是一种诚实的态度，一种锐意的智慧。但是勇于知错认错改错，必须有一个高尚的品格。爱迪生曾说过："品格是一种内在的力量，它的存在能直接发挥作用，而无须借用任何手段。"所以，改过必须具有高尚的品格。著名文学家高尔基也说过："自我批评也就是最严格的批评，也就是最有益的。"自我批评就是"知错能改"，最有益的这话印证了"善莫大焉"。这说明古今中外有一个共同的认知。即使是犯人犯过罪，经过教育改造，也能痛改前非，洗心革面，重新做人，浪子回头金不换。"人无完人，孰能无过？"人就像那棵小树，只有不断地修枝剪杈，才能笔直向上，才能长成参天大树，才能成为祖国栋梁之材。

纵观历史，古今中外，"人谁无过，过而能改，善莫大焉"的例子屡见不鲜，不胜枚举。如果违反了这一真理而执迷不悟，不懂从善如流，不懂悬崖勒马，最终下场悲惨。春秋时期，晋灵公言而无信，残暴依旧，最终被臣下刺杀。元朝末年，皇帝生活腐化，挥霍无度，只得增加税收，弄得民不聊生，起义四起。他们听不得逆耳忠言，听不得善意进谏，结果大权旁落，导致灭亡。这为不知改过演绎了反面教材。现在的许多贪官，就是不听从党的教育，把正确意见拒之千里，一意孤行，结果犯下了滔天之罪。所以，从古今良言益语吸取教益，是一个修行的大话题。

"人非圣贤，孰能无过。知错能改，善莫大焉"，这是至理名言。我们要从自己做起，从现在做起，擅于开展批评与自我批评，知错就改，光明磊落，脚踏实地地做人做事。"勿以恶小而为之，勿以善小而不为"，让华夏五千年的文明史源远流长，将知错就改的传统美德发扬光大。让知错就改的高尚品质，代代传承，世世受益。让社会和谐，让人民团结和安居乐业，让世界充满爱，让祖国明天更美好！

/ 陈春玲

人之超然万物之上，而最为天下贵也

[出处]

〔西汉〕董仲舒《春秋繁露·天地阴阳》

[释义]

人超过世界上一切物体之上，在天下是最宝贵的。

我常常在夜深人静时冥想：我若放下一切，是不是可以笑看人生呢？犹如"寒江独钓"，垂钓的是一份悠然、一份释然、一份超然，是一种心境高远的空灵境界。这样的超然心态我知道我达不到，虽然我可以与世无争，但毕竟世界里有我，我在世界中。然而，超然确是人生一种至高的境界，我们都在追寻，都在苦苦攀登。

所以，我常常想，人生若是多些苦难，会怎样？众人皆醉我独醒的感觉，未必就是吃亏吧？看淡一些，超然一点，或许生活会过得很安逸很恬淡。就像一个人，不能总在过去的生活中寻找过去的生活方式，或者移情往昔中去生活，而脱离了现实中你应该存在的位置一样。

人，有时真的可以在一夜之间，或一下子就会看明白很多、想清楚很多，但把一切看简单了，其实挺难的。就像看破了红尘并不等于你就要拥有了一颗可以炫耀的佛心，最主要的是我们要有良心。因为，有了这些想法，所以，我才会一直不断地用一支简单的笔，书写我的生活和我生活中路遇的那些人那些事。再用另一支画笔，画尽人间冷暖。不为彰显，只为我生活的空间，再丰富一些，再多些恬淡。当我学会了怎样生活的时候，才会懂得怎样匍匐着装扮好自己的人生。

一个人感到可怕的不是过程，而是顿悟。当我们被太多的生活琐事占据了绝大部分的生活空间时，唯一可以坚持的是你内心一直的一种东西。

足见，所谓的超然，不是绝对⋯⋯⋯⋯⋯⋯⋯下生存空间⋯⋯⋯⋯⋯⋯放弃你该放弃的东西，看淡一些，豁达一点，超然也。

我不是没有追求，而是我知道，我只想要，我能得到的东西，事业、家庭、爱情。每每这个时候，内心都有一种充实感，所有的枯燥、烦躁、躁动都不复存在了，觉得自己的生活一下子恬淡起来。

不是吗？为了自己的生存空间从此明朗，不再晦暗，我们都要学会放弃和解开所有过往的心结，给心灵再觅一处净土，转过身来再去面对，悠然而超然。好似从未经历过的一场风雨中，所有的美好才会在你心中变成一股曼妙的遐想，旖旎着你的生活空间，经年未央，或许更美。

都说可以摆渡红尘，可渡口却在你脚下蜿蜒。岸边繁花落锦，池中青莲碧荷，菡萏凝香，涟漪轻挑。搅动心弦，搅动得心痛时，回头望望来时的路，你的牵挂又会遗落多少？一切皆尘土，若是这样，超然皆然贵也。

我常常忆起一句话：忍一句，祸根从此无生处；绕一着，切莫与人争强弱；退一步，便是人生修行路。一切淡然、一切释然、一切超然、一切才会温馨起来，这才是我们想要的现实生活。释怀，是痛切心扉的冷。超然，则是净化心灵的暖。如果做人太圆滑，爬上去快滑下去更快，做人需要必要的棱角，这样才会超然和坦然。

恍惚间感觉，当你的善良驾驭不了对方的虚伪时，最好学会自己转身，回到原处，你会看到另外一条路更适合你走。就像我想起那段话，昔日寒山问舍得曰：世间谤我、欺我、辱我、笑我、轻我、贱我、恶我、骗我、如何处治乎？拾得云：只是忍他、让他、由他、避他、耐他、敬他、不要理他，再待几年你且看他。

做人就如修路，该直就直该拐弯就得拐弯，不然就得出现事故。了却人间一切仇怨，回归故里，落日红尘，心岸可栖，空灵一切，你或许才会收获更多。一阕思念，一曲梵音，尘缘化羽，随风千秋，天地空逝。去恬淡地生活，一切皆尘土，超然方为天下贵也。

/ 武海涛

三人行，必有我师焉

［出处］

《论语·述而》

［释义］

几个人在一起的时候，一定有可以作为我老师的人。

"三人行，必有我师焉。择其善者而从之，其不善者而改之。"这则金句是孔子说给弟子的，出自孔子的《论语·述而》。大致的意思是："三人同行，其中一个人一定在什么地方比我优秀，那么他一定会是我的老师。我选择他的善行和品德，向他学习。看到他存在的缺点和不善，我也可以作为对照和借鉴，进而改正自己。"孔子的这句教导，指出了我们在做人和学习中应具备的优良品格和学习的榜样。

孔子是中国古代的至圣先师，一生尊学重教提倡教化。他在《论语》中的这条金句流传至今，说明了学而知之和求学至上的深刻哲理。中国几千年的文明史，都是沿袭一代代学习奋斗的文化历史脉络。

学习有多种方法，十年寒窗悬梁刺股有之，追寻贤德著书立说有之，但是通过课堂和社会实践来学习充实，是必不可少的重要手段。三人行必有我师，则集中总结和体现了人们日常生活中的正确学习态度。

由于每个人的生活环境和所处的社会地位以及人生轨迹的不同，自然在认识事物和处理问题等多方面存在着一定局限和偏见，所以在人生的旅途中只有互相交流学习，学而时习之，谦虚谨慎不耻下问，向一切人和事物借鉴学习，才能使自己的知识丰富，循着正确的道路前进。

认真看待学习别人的优点和知识，是一种修养的美德。人类的发展和社会实践证明了这一点，只有兼收并蓄，不断地丰富自己的知识储备和社会阅历，才能在事业的征途中取得优异的成果和回报。古往今来都不乏这种谦恭潜学的例子。

汉代儒生张良就是本着不耻下问的精神，通过拾鞋受书三赴之约的过程，接受了高士黄石公的《太公兵法》，并认真研读推演，学成了惊世骇俗的谋略战策，而后成为汉代开基立业的能臣良将，成就了一番事业。

古人讲："则事必有其法。"我们既要秉持虚心求学不耻下问的学习态度，也要在学习借鉴的过程中学习和坚持正确的学习方法。坚持学有方向、学有所长、学有所得的原则，这样才能有所收获。用别人的知识和优点来充实自己，以别人的过失和弯路来对照自己，引起警觉，并加以杜绝和改正。对别人的意见兼听则明偏听则暗，使自己坚持正确的方向，少犯错误，学而有成，立于不败之地。

唐代的谏臣魏徵说过："以铜为鉴，可以正衣冠；以古为鉴，可以知兴替；以人为鉴，可以明得失。"讲的就是这个道理。

今天我们所进行的事业是中华民族前所未有的伟大事业，全体中国人民在中国共产党的领导下，正以"两个一百年"为目标，进行着翻天覆地的革命实践。为了实现中华民族的伟大复兴，就需要千千万万个胸怀大志学以致用的人才和骨干。

今天的科技发展，正以爆炸性的速度，演绎着新知识、新领域、新学科的更新。所以，更要求我们以更加努力更加开放的学习态度来要求自己鞭策自己。用孔子教导的学习态度来作为我们学习进步的标尺。

另外，我们学习先贤的至理名言，也应该渗透其中的哲理。所谓"三人行，必有我师焉"也不能单单理解为同行几人或学习的对象多少，而应该理解为向一切的经典、优秀的范例和各种知识层面展开学习的过程。

如今，我国各种科技成果取得了重大突破。我们的北斗卫星导航系统、"5G"通信技术，我们的登月壮举，这一切支撑着我们民族的脊梁。让我们向英雄学习，向知识迈进，向科技探索，继承中国文化的精髓，为中华民族的伟大复兴而奋斗。

/ 卢彦

山积而高，泽积而长

［出处］

〔唐〕刘禹锡《唐故监察御史赠尚书右仆射王公神道碑铭》

［释义］

山是由土石日积月累而高耸起来的，长江大河是由点滴之水长期积聚而成的。

一朵花，要积累多少冰冷的雨水，才能绽放春天的明媚；一滴露，要积累多少黑夜的寂寞，才能迎来清晨的闪烁；一朵浪，要积累多少波涛的波折，才能成就一片汪洋的辽阔。

这就是积累的作用和魅力。雨水，黑夜，波涛……困难和挫折的积累，最终成就了伟大和美好。

曾经，在东京国际马拉松邀请赛中，名不见经传的东道主选手山田本一出人意外地夺得了世界冠军。两年后，意大利国际马拉松邀请赛在意大利北部城市米兰举行，山田本一代表日本参加比赛，又获得了世界冠军。这两次夺冠之后，记者都请他谈经验，他都回答了同样一句话：用智慧战胜对手。而外界的舆论也从觉得他故弄玄虚到迷惑不解。

10 年后，智慧取胜的秘密在山田本一的自传中被揭开，书中是这么说的：每次比赛之前，我都要乘车把比赛的线路仔细地看一遍，并把沿途比较醒目的标志画下来，比如第一个标志是银行；第二个标志是一棵大树；第三个标志是一座红房子……这样一直画到赛程的终点。比赛开始后，我就以百米的速度奋力地向第一个目标冲去，等到达第一个目标后，我又以同样的速度向第二个目标冲去。40多公里的赛程，就被我分解成这么几个小目标轻松地跑完了。起初，我并不懂这样的道理，我把我的目标定在40多公里外终点线上的那面旗帜上，结果我跑到十几公里时就疲惫不堪了，我被前面那段遥远的路程给吓倒了。

山田本一的"智慧"就是把一个大的目标分解成多个小目标，然后靠征服小目标的积累，完成整个大目标的胜利。就像在漆黑的夜晚开车，车灯只要把前方一米的道路照亮，我们凭借着一米又一米光明的积累，最终能度过漫长的黑夜，完成整段路途的行驶。

积累，与其说是量的增加过程，不如说是心理上的激励过程。每前进一步，达到一个小目标，就会体验到成功的喜悦，这种正能量的感受会在之后多个小目标的实现过程中以一种良性循环推动自身充分调动潜能去达成下一个目标。同时，分段积累的过程也会更加促进注意力的集中，而人在集中注意力的情况下更能激发潜能，消除旁逸斜出的干扰性想法，实现本来不可能实现的目标。

比如，我们在写一部二三十万字的长篇时，提笔时就像面对一座矗立在眼前的高山，于是我们分章节、设线索，同时在情感上分割出跌宕起伏的断点，按照这样的分解，我们一个章节一个章节地去描写、一个人物一个人物地去刻画，最终从一个人物的独角戏写成一幅生动的群像画，而完成最后一个句号的时候，回首再看，开篇时遮目的高山已经在不知不觉中被踏成脚下的平地。

所以，去积累吧，像花朵积累雨水也积累阳光，像露珠积累寂寞也积累光芒，像浪花积累波折也积累宽广，最终实现"山积而高，泽积而长"。

/ 臧思佳

上善若水，水善利万物而不争，
处众人之所恶，故几于道

［出处］

《老子》

［释义］

至高的品性，像水一样，水善于泽被万物，滋养万物，而不与万物相争，停留在众人所不喜欢的地方，所以接近于道。

（一）

我查阅了老子的解释，深入品读，并且加上自己的理解，我的感悟是这样的：水，至善至柔，绵绵不绝，微则无声无息，巨则汹涌澎湃，它与人无争，包容万物，滋养草木山川，是为上善，我们应该学习水的这种品质，为人处世。

避高趋下，既是一种谦逊，又是一种智慧，所谓"高处不胜寒"，为人处世，不要追逐名利，不要随波逐流；奔流到海，既是一种追求，又是一种境界，所谓"直挂云帆济沧海"，要坚定自己所想，并为此付出一生的时间；刚柔相济，以柔克刚，既是一种能力，又是一种态度，所谓"山重水复疑无路，柳暗花明又一村"，绕过大山大河，绕过艰难险阻，不横冲直撞，不头破血流，曲折蜿蜒，达到目标；海纳百川，既是一种胸怀，又是一种气度，所谓"能容天下难容之事"，才能成就大业，苏武牧羊北海边，越王勾践卧薪尝胆，历史上成大业者，哪一个不是心胸宽广，吞吐日月；滴水穿石，既是一种毅力，又是一种执着，所谓"铁杵磨针，锲而不舍"……人生当如水，至柔至善至纯至美至清至天下，要有这样如水情怀，如水般清澈、淡泊，如水般饱满、丰盈，如水般善良、明净，如水般洒脱、勇敢，如水般温柔、恬静，如水般刚毅、坚韧，生生不息。

我最喜欢的女作家杨绛，她就是这样一个如水一样的传奇女子。她的一生就是如水的一生，收放自如，安然如素，她用一生的时间沉淀自己，包容人间，她淡定从容，嫣然娉婷，纯净高贵。她与世无争，淡泊如水，她曾说过："我和谁都不争，和谁争我都不屑，我双手烤着生命的火取暖，火萎了，我也准备走了。"她一生读书写作，翻译治学，因兴之所至，情之所起，一往而深，她善良、温润，对爱情，对家庭，对人生，都是如水般通透。

在她蒙受屈辱的时候，能屈能伸，以坚韧的性格，让凄苦的日子充满温情和趣味，在她遭遇人生的苦痛时，把悲伤压在心底，女儿丈夫先后离她而去，只有她踽踽独行，但她忍受着这样巨大的悲痛，坚持整理丈夫留下的文稿，写出了《我们仨》这样令人动容的文字，她翻译柏拉图的《斐多》，表达她对人生和生命的思考。她一生与文字相伴，虚怀若谷，隐忍、坚韧、平静、悦纳、厚德、优雅，成就了一生精彩，留给世人无尽的财富。

愿我们像水一样，细腻纯良，奉献万物以爱，像水一样，百折不挠，遇任何困境而处变不惊，像水一样活着、爱着、走着，留给世界无限的美好。

／其木格

（二）

老子认为：上善的人，就应该像水一样。水造福万物，滋养万物，却不与万物争高下，这才是最为谦虚的美德。

"道"是产生天地万物的总根源，是先于具体事物而存在的东西，也是事物的基本规律及其本源。所以"道"是我们每个人都应该认知与理解的。水的德行就是最接近于"道"的，"道"无处不在，因此，水无所不利。它避高趋下，因此不会受到任何阻碍。它可以流淌到任何地方，滋养万物，洗涤污淖。它处于深潭之中，表面清澈而平静，但却深不可测。它源源不断地流淌，去造福于万物却不求回报。这样的德行，乃至仁至善……

中国共产党最高的善行就是为人民服务。这是党的宗旨，是最能说明老子这个"道"的道理的。

就像水一样，由唐古拉山流淌下来的淙淙泉水，汇集成了浩瀚长江。我们的党，从几十个党员，发展到今天有超过9000万党员的大党。他们为了人民的解放与和平，抛头颅，洒热血，有多少不知道姓名的红军战士，倒在了爬雪山过草地的长征路上。又有多少为了民族解放，和敌人做地下斗争的党员同志牺牲，也没留下他们的名字。以自己的性命，换来他人的幸福，而不为名不为利，这不是最大的善行吗？

尤其在今年这场新型冠状病毒的抗疫阻击战和总体战中，我们广大的党员干部，尤其是一线的普通党员，把善行——为人民服务践行到了最高境界。哪里最危险，最累最让众人不喜欢的地方，他们就像善水一样，出现在哪里。而且，不留下自己的名字。

我们还把中国共产党的善行，带到了国外，像善水一样，拯救受苦受难的人们于火热水深之中。一些外国政客还对我们指手画脚，甩锅抹黑，说明他们一星点的善行都没有，离"上善若水"的"道"，谬之千里。

母性大爱，也好像水一样，是最高境界的善行。人类的母亲，为了自己的儿女，可以吃糠咽菜，风餐露宿，受尽所有的苦难。在众人都不喜欢的地方，甘愿付出，默默奉献。从来没想到有所回报，争名索利。

动物世界里的小鸟，为了保护自己的幼崽，拼死与毒蛇抗争，以弱小之躯，以纤细小喙，上下翻飞，不屈不挠，最后赶走了侵略者。

母爱就像善水一样，滋润着万物的生长，是最高境界的善行，而它始终站在众人都不喜欢的地方，甘于奉献，不求回报，所以最接近于"道"。

/ 李少荣

少年辛苦终身事，莫向光阴惰寸功

［出处］

〔唐〕杜荀鹤《题弟侄书堂》

［释义］

年轻时勤奋努力必将终身受益，岁月匆匆，切莫懒惰懈怠，虚度光阴。不要在怠惰中浪费光阴。寸功在怠惰中失去，终身事业也就寸寸丧失。

2014年5月30日，习近平总书记在北京海淀区民族小学考察时，引用了这样的诗句"自古雄才多磨难，从来纨绔少伟男""少年辛苦终身事，莫向光阴惰寸功"。听说有的同学喜欢比吃穿，比有没有车接车送，比爸爸妈妈是干什么工作的，这样就比偏了。一定不能比这些，要比就比谁更有志气、谁更勤奋学习、谁更热爱劳动、谁更爱锻炼身体、谁更有爱心。教导小朋友们要从小做起、从身边做起、从小事做起，养成好思想、好品德。"寸功"极小，"终身事"极大，然而极大却正是极小日积月累的结果。

我国优秀的国际象棋棋手王皓，1989年出生于哈尔滨，他身高有一米八多，有人说他身大力不亏，是棋手必备素质；王皓脑袋长得大，有人说他聪明颖慧，脑袋里装得下更多棋谱。与其他棋手相比，这两点是他的优势。

王皓从 6 岁开始学习国际象棋。几年以后，他在奥林匹克赛选拔赛和国内各类比赛中表现出色，被选进省棋院，后来又送进北京师大附小，边学习文化课边练棋。看上去他学习文化课并不费劲，背起英语单词来，一两遍就记住了，成绩在班上一直名列前茅。在练棋时，他除了研究教练安排常规对局之外，还主动到电脑上查资料，做些整理和统计，十分着魔。

2002 年国家少年队成立，王皓成为其中一员。15 岁那年，他又被选进国家队参加世界奥林匹克团体赛，成为中国国际象棋史上年龄最小的国家队队员。

王皓在国家队白天除了背棋谱、下快棋之外，业余生活很"单调"，几乎每天晚上在联众网上下棋，直至深夜，他从不虚度光阴。王皓最大的特点就是，记忆力超群。国际象棋开局千变万化，王皓尽量都装进自己脑子里。当教练或队友对某些棋局懒得查书时，就直接问他，这位"棋魔"总是很乐意地、不厌其烦地讲解。王皓的教练吴玺斌说，一般棋手脑子里可以记下 300 多盘棋，王皓要多得多。

多年来，王皓屡屡夺得国内外大赛的冠、亚军，久经大赛考验。他沉稳淡然，下棋也很有力量，有着鲜明的个人特点。今年受新冠疫情的影响，2020 国际棋联举行了线上国家杯决赛，中国队获得此次国家杯比赛的冠军。比赛中，王皓作为一名老将，凭借出色发挥，助力中国队夺冠。

日常"寸功"的积累、年少时的勤奋努力必将会终身受益。

/ 赵锐

少壮不努力，老大徒伤悲

［出处］

《乐府诗集·长歌行》

［释义］

年轻力壮的时候不奋发图强，到了一头白发的时候学习，悲伤难过也是徒劳。

每每提起年轻人要珍惜时光，不使光阴虚度，岁月蹉跎，都会想到"少壮不努力，老大徒伤悲"这一经典的诗句。但凡熟读过惜时警句的人，都会被这句通俗易懂、振聋发聩的诗句所感染，所折服。可谓耳熟能详、家喻户晓。一个意味深长的"徒"字让人深感"无可奈何花落去"的无力与伤悲，把虚度年华、碌碌无为的悔恨交加和羞愧难当表达得入木三分、淋漓尽致。

类似惜时的警句有很多，诸如"一寸光阴一寸金，寸金难买寸光阴""黑发不知勤学早，白发方悔读书迟"，读来也有警示意义，也颇为深刻。但似乎总掺杂着一种说教的意味，看着时像一阵风，轻飘的；听着时似一丝雨，微润的，在劝人向学和思想感悟等方面都不如"少壮不努力，老大徒伤悲"显得深沉而厚重，含蓄而刚劲。它用最平常最浅显最简单明了的语句，也是当时的口头用语，来揭示深刻的道理，可谓词浅意深，淡而多味。可见极简也是一种境界，是"看山还是山，看水还是水"的大智若愚，抑或返璞归真。人生如春华秋实的四季一样，也有一个少年进取、老有所成的过程，这个过程恰是人生价值的美好体现。

古今中外，有太多例子在这句经典名言中得以印证。金溪平民方仲永的故事想必我们都很熟悉。仲永年方 7 岁即能诗文，颇受同县之人赏识，有人用钱请仲永题诗以示风雅。父母见此有利可图，每天拉着他四处给人题诗，不再苦读诗书，进而荒废了学业。等他长大之后，所写的诗文还不如儿时，再也没人肯出钱请他作诗了，神童仲永从此销声匿迹，不能不令人扼腕叹息。

当下也有很多类似的例子。还记得一天下午，我去院长办公室交材料，只见她正对着电脑上的一张照片发呆，照片是一位不修边幅的农村女人，赶着两只山羊。见我疑惑的样子，便叹口气，说："这是我小时候最好的朋友，长相好学习更好，考试时，不是我第一就是她第一。可到了初中就跟同村人谈恋爱不再上学了，说读书很苦，不如早点结婚生子。"我现在的状况给她的触动很深，后悔当初没有跟我一样用功学习，白白浪费了大把的青春时光。我一时无语，怎么也不能相信眼前优雅知性的校长跟这位标准的农村妇女是同龄人，面对照片，我俩心照不宣，唏嘘不已。

有人说，不怕吃苦苦半辈子，怕吃苦苦一辈子。前半生惜时进取，把时间用在刀刃上，趁青春年少多学知识，开拓进取，后半生的路就是宽阔平坦的康庄大道。"少壮不努力，老大徒伤悲"，这句诗虽然平常，却有着无与伦比的影响力，如洪钟一般在人们内心中长鸣，激励了一代又一代的读书人，只争朝夕，不负韶华。

/ 万琦

水能性淡为吾友，竹解心虚即我师

［出处］

〔唐〕白居易《池上竹下作》

［释义］

水能使人的性格淡泊，因而我以水为友；竹懂得虚心谦逊，因而可以做我的老师。

水能使人的性格淡泊，因而我以水为友；竹懂得虚心谦逊，因而可以做我的老师。人生拥有水、竹二者相伴，悠长地生活于人世上，没有必要费心地去寻求外界的仰仗和亲朋的庇护，昭示内心强硕、阔大的白居易，自我修为、高拔的人生态度。

人的一生充满变数，如何去面对各种变化，适应人生不同境况。我借用"富则达济天下，穷则独善其身"这句话，延伸理解为：年富力强，雄心壮志，担当重任，当全力施展才能，呕心沥血、鞠躬尽瘁，敢于创新发展，建功立业。反之，当不在重要岗位上任职，没有什么职务和权力，就要及时调整好心态，做力所能及的事情，要像白居易那样，以水为友、以竹为师。

前不久，河堤遛弯时遇到一位小我几岁、在开发区工作的领导，因机构重组，加上年纪偏大，组织上找他谈话，希望他把实职位置让出来，好安排年轻干部培养锻炼。他跟我说时，内心很纠结，考虑得很多，是不是自己的工作上级不满意，挤对自己；是不是自己太老实，被欺负。担心下一步自己成了一个工作摆设，被年轻人领导，面子挂不住，会被人看不起，等等。

我跟他讲了白居易的这首诗。我说你看，有很多人每天都在河两岸散步观水，领悟"上善若水"的真意。水是多么好的一种状态啊！春天河水有涨落，河道也随四季变化时宽时窄，冬天河面冻成坚硬的固体。人生何尝又不是如此呢？向白居易学习，学习他和水一样淡泊名利，简单、深远、丰富、纯净、澄明、大智若愚，在喧闹中开辟出自己的一席田地，在纷扰乱世中找到自己的归隐，在流言蜚语中静下自己的耳根。

这个干部听后，豁然开朗，表示往后余生，放下思想包袱，摆正位置，学习水的淡泊精神和竹子谦逊的态度，做一个有品位、有修养的人。

/ 张笃德

桃李不言，下自成蹊

［出处］

〔西汉〕司马迁《史记·李将军列传》

［释义］

虽然桃树和李树不会说话，但它们有芬芳的花朵和甜美的果实，仍然能吸引许多人到树下赏花尝果，以至于树下会被踩出一条小路来。

提起"桃李不言，下自成蹊"这句成语，人们自然会想到"桃李满天下""桃李满园"之类的典故。宋朝杨万里在《送刘童子》中说："长成来奏三千牍，桃李春风冠集英。"这里的"桃李"有优秀的学子之意，很多时候我们会用它来赞美老师的高尚品质。但最初是源于司马迁对李广将军的称赞。

《史记·李将军列传》言："余睹李将军，悛悛如鄙人，口不能道辞。及死之日，天下知与不知，皆为尽哀。彼其忠实心诚信于士大夫也？谚曰：'桃李不言，下自成蹊。'此言虽小，可以谕大也。"司马迁用当时流传甚广的民谚来赞美真诚、忠实、严于律己的李广，也是对谦虚低调、不事张扬、默默耕耘之人的赞美。说明他有很深厚的民间基础，并影响深远。后来的许多文人墨客都在诗中引用这个典故，辛弃疾在《一剪梅·游蒋山呈叶丞相》一词有云："多情山鸟不须啼，桃李无言，下自成蹊。"

谦虚低调之人总是令人崇敬，如金黄的稻谷垂向辽阔大地。季羡林先生便是这般虚怀若谷，在晚年辞去"国学大师""学界泰斗""国宝"三项桂冠。这种品质在他做北大副校长时已见端倪。是日开学，曾有一名前来报到的新生因为走累了，看他的穿着打扮像学校的"师傅"，便让他帮忙照看一下行李。直到开学典礼时，"师傅"在主席台上就座后，新生才恍然大悟，为季老的人格所折服。

也曾听说过梅兰芳拜师的故事。出人意料的是，这位老师只是一位戏迷老人。因为这位老人指出了他在京剧《杀惜》中，把阎惜姣上楼和下楼的台步误为八上八下，按梨园规定，应是上七下八。小小的细节本可忽略不计，可是梅先生却念念不忘，他把老人请到家中，恭恭敬敬接受老人的指教，称他"老师"。

至于为了人类的福祉而默默耕耘、乐于奉献的桃李不言者，在新冠病毒肆虐的庚子年，更是可圈可点、可歌可泣。众多的白衣天使把自己置身于波澜壮阔的抗疫洪流之中，追随钟南山院士的足迹挺身而出，逆向而行，谱写一曲曲荡气回肠的奉献之歌。其中有一位90后医生夏思思，在接诊病人后，更是事必躬亲、夜以继日地工作。一天深夜，下夜班刚回到家，接到病房有位老人病重需要会诊的电话，一向工作严谨、忠于职守的她冒着夜雨、义无反顾地回到病房，却不幸感染病毒。病重的老人得救了，她却长眠在她所热爱的岗位上，用年轻的生命捍卫救死扶伤的医德尊严。

桃树和李树是相当常见的树种，无须人工雕琢，具有顽强的生命力，用它来比喻真诚笃实的无私奉献者恰如其分。只有具备这种高尚人格的人才具有感召力，自然会感动别人，受到人们的敬仰，永葆纯真本色，诠释着"桃李不言，下自成蹊"的真正内涵。

/ 李轻松

吾日三省吾身

[出处]

《论语·学而》

[释义]

我每天都多次自觉地省察自己。

吾日三省吾身说了两个方面：一是修己，一是对人。对人要诚信，诚信是人格光明的表现，不欺人也不欺己。替人谋事要尽心，尽心才能不苟且，不敷衍，这是为人的基本德行。修己不能一时一事，修己要贯穿整个人生，要时时温习旧经验，求取新知识，不能停下来，一停下来，就会僵化。

在物质生活日益丰富的今天，党员干部要面对形形色色的诱惑，滚滚红尘中的纸醉金迷、灯红酒绿，权钱色以各种各样的面目，你方唱罢我登场此起彼伏地浮现着，稍有不慎，理想信念一点点的动摇、滑坡直至丧失，最终都将滑向深渊而难以自拔。从为人民服务的初心到成为人民的罪人，仅一念之差。因而，作为党员干部，吾日三省吾身，对于坚定理想信念，做到政治过硬、能力过硬、作风过硬是至关重要的。

曾经看过这样一个案例：历任中国石化销售沈阳公司业务处副处长、处长，中国石油东北办事处主任、辽宁经济开发公司经理，到中国石化燃料油销售有限公司党委书记、副总经理纪波，她曾经有一个外号，叫"完美女人"，这个称号源于网络专访文章，称她为事业、家庭都优秀的"完美女人"。她却因为信念不坚，防线失守，堕落成为利用手中权力侵吞国有资产，最终蜕化成一个既辜负了组织信任和职工期望又破坏了家庭幸福的腐败分子。纪波说，读大学的时候我就立志入党，工作之后，我非常努力，很快成为一名处级干部，随着事业顺利、职务提升，思想上也开始放松，当初入党的宗旨和全心全意为人民服务的誓言也逐渐淡忘了。从收受贿赂的第一笔钱的忐忑，到越收越多的习以为常，就如温水煮青蛙的故事一样，于浑浑噩噩、不知不觉中走向了犯罪的深渊。

风起于青萍之末，其来也渐，其入也深。纪波的腐化变质，是忽视了党性的修养，忽视了思想的改造，在扭曲的价值观和权力观的支配下，理想信念节节败退，这是一个从量变到质变的过程，以致自己成为党和人民的罪人。

我认为，作为党员干部要像曾子所说的那样，"日三省吾身"，要努力加强政治修养，每天检视自己的思想和行为，是否以党章的要求严以律己，是否真正做到为政以德，是否时刻把党和国家的利益、人民的利益放在首位，是否无愧于党和人民的信任和嘱托，是否努力践行初心使命，做到权为民所用、情为民所系、利为民所谋，只有这样，才能无愧于共产党员的光荣称号。

日三省吾身，是以前车之鉴，做后事之师。一个合格的党员干部，必须严守政治纪律和政治规矩，树牢红线和底线意识，常思贪欲之害，常怀律己之心，始终做到不放纵、不越轨、不逾矩；一个合格的党员干部必须做到清正廉洁，不断加强个人品德道德政德修养，坚持正确的世界观、人生观、价值观，才能自觉地抵制腐朽思想、享乐主义的侵蚀，才能善待权力，珍惜权力，用好权力。每日三省，筑牢廉政的樊篱，才能时刻以人民为中心，成为人民的公仆。

/ 齐颖

勿以恶小而为之，勿以善小而不为

[出处]

〔三国〕刘备《敕刘禅遗诏》

[释义]

不要认为坏事较小就去做，不要认为好事较小就不去做。

（一）

　　人在临死时总会有放不下的东西，对于刘备而言，江山社稷是他最大的遗愿。眼看着即将接自己班的儿子刘禅还扶不起来，急切无奈之情可想而知，《敕刘禅遗诏》就是在这种情况下拟就的。"遗诏"近似唠家常，先说一下自己的病情，再谈到丞相诸葛亮对儿子的看法，最后是对儿子的叮嘱和督促。其中最经典的便是这句："勿以善小而不为，勿以恶小而为之。"知子莫如父，刘备最担心的不是在儿子能不能运筹帷幄承继江山基业的大事情上，而是小事，甚至不值一提的小事。他知道连小事都做不好的人，怎么可能做好大事呢。事实证明，他的儿子刘禅的确是个废材。这句话虽然没能改变儿子的命运和江山的运势，却流传百世，警醒着后世无数人。

　　成大事是我们的理想，但我们却往往太倾注于大，而忽略了小，忽略了"小"的关键性。一滴水、一张纸被随意浪费，背后却是生存环境资源的枯竭。一句话、一个举动，后果可能就是人间的悲剧。面对恶行，采取袖手旁观的姿态，我们的无动于衷成了助长恶的温床。我们常能从新闻报道或网络自媒体上看到那些小恶，比如：高楼抛物伤人、干扰公交车司机、不文明养狗等行为。这些"罪不至死"的小恶，却让人与人之间的关系冷漠甚至仇视，社会风气恶化，真是"小恶不惩，大恶难除"。

小恶藏在我们每个人的心里，往往会在不经意间流露出来。在越来越注重信誉和自身形象的今天，你身上的小恶将很可能成为自毁前途的关键。我在企业做过多年的人力资源管理工作，在招聘新员工时，就特别注重对应聘者小细节上的观察，往往决定应聘者命运的不是学历、工作经验、容貌，而是一个不自觉的习惯动作。有一次，公司招聘主管级管理人员，经过筛选，五名学历、工作经验、形象都很突出的应聘者进入最终的选拔环节。四个名额，五位应聘者不相上下，难以取舍。在最后一轮面谈的过程中，我使用了一点小手段，谈话中途假装有事走出办公室，然后在外面暗中观察应聘者独处时的表现。我发现其中学历最高、之前表现最好的那位应聘者竟然偷偷翻看我精心摆放在办公桌上的面试资料。最终，我决定将他淘汰出局。理由是我在他身上看到了令人不踏实的东西，这种行为中隐藏着恶念，虽然今天看来是微不足道的，但明天很可能会在关键问题上起到决定性作用。

在独处时最容易暴露恶念，所以先哲说在自我修养中慎独很重要。能够在无人监督的时候避恶行善，做到慎独，是另一种境界。

/ 万胜

（二）

去年暑假期间，带着儿子去爬长城。因为正值盛夏，刚刚进入二伏，天气炎热得厉害，略一走动已经汗流浃背，更何况爬长城了。每个爬长城的人，都满头大汗，衣衫湿透，像刚刚淋过大雨一样。眼看着汗水滴滴答答，落在城砖上，瞬间就蒸发掉了。

　　游人们只能不断地喝矿泉水、吃冰棍儿，借此防暑降温。我们带的三瓶矿泉水早早地就喝光了，四下一找，却没看见垃圾箱。眼看前面长城又陡又高，就算是带着空瓶子攀爬，也是相当累赘不便。我提议先把瓶子放在角落里，回头带下山就行了。可儿子不同意，怕风把瓶子吹到城墙下面去。坚持拿着几个空瓶子，继续往上爬。

　　后来，爬到长城顶上往下望，我忽然理解了儿子的意思。高高的城墙脚下，偶有垃圾散落在草丛里，看上去特别碍眼。就像一幅价值连城的古画，偏偏被甩了几个墨点，着实让人堵心。

　　三国时的刘备留给儿子的遗诏里，有一句名言流传至今："勿以恶小而为之，勿以善小而不为。"别看举手投足之间的事小，如果大家都随手丢垃圾，不爱护环境，造成的结果可想而知；反之，如果人人养成好习惯，大家都注重环保，那我们的家园必定干净整洁，赏心悦目。全民的力量是强大的，我们只有一个共同的地球，相信没有人喜欢在脏乱差的环境里生活。

　　习近平总书记也说："绿水青山就是金山银山。"保持地球家园的干净整洁，是造福子孙后代的大事儿，也与我们每个人息息相关！守护绿水青山，就是守护我们生命的根源。"爱护家园，从我做起！"很高兴儿子有这样的环保意识，我应该向他学习！

　　　　　　　　　　　　　　　　　　　　　　／陈艳娟

言必信，行必果

[出处]

《论语·子路》

[释义]

说了就一定守信用，做事一定办到。

从此句可以看出，从古至今，诚信作为人的一种高尚品质，都是为世人看重的。

而现在的诚信，已经不再是个人优秀品质的评价了，个人在人际交流之中，企业在经营活动之中，国家在世界的交流之中，诚信都作为一个重要的标尺。

诚信很难，需要长期的积累，通过一件件言出必行的行动，才能树立起诚信的形象，但是毁掉却只要一件事，时间可能就是一朝一夕，所以更需要持之以恒。

一个人需要讲诚信，言出必行，那是与别人相处最基本的优秀品质，是决定有没有愿意与你相交的最基本底线，言出必行的人，那才会赢得更多人的尊重，才会让更多的人相信你，没有人愿意与一个满嘴谎话，出尔反尔的人交朋友。

一个企业需要讲诚信，随着社会的发展，人民的富裕，人民对于商品的质量要求越来越高，对于企业的信誉度越来越看重，那些靠着投机取巧，以次充好的企业，现在早已经没有了立足之地。而那些真正能够立足的企业，不管大小，无一不重视自己的企业诚信，无一不把企业的信誉放在首位，企业有诚信，这样才能打造出自己的优秀品牌，一个品牌的价值，那绝对是难以用金钱能够衡量的。

一个国家需要讲诚信，处在一个每一天都在深刻变化的世界中，除了国家本身是否强大以外，国家的信誉度，决定了你在这个世界里的地位。某个世界强国，无论在经济和军事上，都是无人可比，在世界上的影响力本来是无人能敌，但最近几年，各种谎话连篇，各种出尔反尔，各种不讲诚信，导致此强国在世界上的信誉崩塌，在世界上的影响力大大降低。

再看我们的国家，从不轻言许诺，只要承诺，那就算是遇到再大的困难，也一定会完成，信誉度越来越高，越来越树立起了一个大国的担当，在世界上的影响力越来越大。

言必信，行必果，人不信不立，业无信不兴，国无信则衰！

/ 明日复明日

业精于勤，荒于嬉；
行成于思，毁于随

［出处］

〔唐〕韩愈《进学解》

［释义］

学业由于勤奋而专精，由于玩乐而荒废；德行由于独立思考而有所成就，由于因循随俗而败坏。

认识韩愈，是从这句"业精于勤，荒于嬉；行成于思，毁于随"的经典金句开始的。追逆时光，应是高中时代，当初有些记忆已被岁月的尘埃淹没了，但韩愈《进学解》中的这一精髓之句，却记忆犹新，成为自己前行路上的座右铭。

勤奋与独立思考，是成功的法宝，古往今来，每个成功者的身后，都少不了这两样法宝的支撑，方能抵达理想的高地。

韩愈的成功就是一个鲜明的例子。韩愈三岁父母双亡，由哥嫂抚养长大。十一岁时哥哥仕途有变，被贬官岭南，十五岁时哥哥去世，可谓人生坎坷。韩愈聪明，七岁便能出口成章，虽然人生阴暗，但他学习很用功，有"焚膏油以继晷，恒兀兀以穷年"为证，以自己的优势勤耕不辍，熟读精思，才使他学问精湛，散文和诗歌创作，富有其独创性，且内涵深厚，超越了时代，成为中古以来文章之典范。

我市作家李伶伶，同样为这句经典做了最好的注解。

李伶伶身患重症，15 岁被禁锢在一把轮椅之上，她靠着惊人的毅力，用"一指禅"敲出了 200 多万字的文学作品，出了 3 本书，成就了一部 30 集的乡村题材电视剧《翠兰的爱情》。

病体把李伶伶困在病床和轮椅上，她的心里却装着山川河流，装着不朽的生命。她的笔下没有悲戚，没有自怜自艾，文字带着哲性的清凉，滋润着读者，滋润着她坚强的人生。她用勤奋、独立的思维，开启了自己不同寻常的人生之路，成为一代楷模。她用文字救赎社会，同时她也是自己的救赎者。如果李伶伶颓丧于轮椅上的时光，不言而喻，她只是一个坐在轮椅里消磨时光的人。

以"勤"定人生乾坤的事例，数不胜数，李密牛角挂书、董仲舒三年不窥园、匡衡凿壁偷光等，都是古代留给我们的精神财富。

游戏人生的典例，也有案可查，方仲永，古代一农民的儿子，五岁便能"指物作诗"，被冠于神童。人们为表敬重人才之美意，纷纷邀请其父子来家做客，为其更好地发展，不惜用钱财支持。而其父乐于此道，欣欣然对邀请者从来不拒，带着儿子到处吃喝玩乐。六七年之后，在"嬉"这个可怕的腐蚀剂之中，这位神童变成了庸才。还有典型的隋炀帝杨广，穷奢极欲，不理朝政，招致杀身之祸；唐玄宗李隆基，前期勤于政事，"开元盛世"的繁荣景象，为他所开，后期却沉迷于酒色，险些亡国，等等。人生不是儿戏，游戏不得，反之就会付出惨重的代价。

每一个人的成功，都贵在"勤奋"上，也贵在"慎思"上，勤是成功之母，慎思之行才会不落入俗套，才能找对前行的方向，成功是必然的结果。

但凡为人，无论天资高低，都有着积极向上的初心，初入学时，初入社会时，都希望成为所在群体的翘楚，可有人成功了，有人却失败了。追其缘由，缺少付出、玩心太重、跟风赶潮流、没有自己的独立思考，就是失败的根本所在。

自古人生社会，充满了竞争，没有人可以随随便便地成功，要兼具勤奋、有自己独特的思维，不游戏人生，不随波逐流，才有承载成功的肩膀。

/ 李海燕

一言既出，驷马难追

[出处]

《论语·颜渊》

[释义]

话说出口，四匹马驾的车也追不回。

"一言既出，驷马难追"与孔子曾所说的："言必信，行必果"是一个道理，大丈夫顶天立地，话说出口，四匹马驾的车也追不上。

从"一言既出，驷马难追"可以得出核心两个字，"诚"与"信"。

"诚"乃真诚之诚，"信"为信任之信。

人生一世立信为本，待人处事以诚待之，诚实这种品德从咿呀学语的幼儿一直伴随人到暮年。

一个人如果失去了诚与信，不仅仅是人生从道德层面的缺失，诚信更是一种信誉的承诺。在生活中和社会活动中必将丧失其拥有的价值，一旦丧失了社会价值，这个人本身存在的价值在诚信方面的体现也将大打折扣，诚信几乎贯穿了我们日常生活工作的全部，待人真诚，重信守义是一种美德。

由此可见，诚信乃是立人之本，从古至今一诺千金的例子数不胜数。诚信也被写入了二十四字新时代社会主义核心价值观。

作为一种风尚和价值观得到普及，生逢盛世，回顾历史，从清末民初，从半殖民地半封建社会到军阀混战、外侮入侵，中华民族经历了半个多世纪的黑暗，是中国共产党点亮了民族的希望，赋予了这个古老民族重新屹立世界民族之林的力量。

身为一名网络作家，不仅要在自己的文学作品、影视作品中引导积极向上的正能量，抵制"三俗"和不正确的三观，更要杜绝历史虚无主义，抹黑歪曲革命先烈、偷换概念与歪曲价值观的负能量。作品传播渠道越多，作品影响力越大，同样责任也就越大。

我们生活在和平的国家，世界却并不和平。学会辨别是非，学会居安思危。随着网络的快速发展，网络中也开始充斥着一些西方文化的糟粕，极大地影响了青少年正在成长中的人生观、世界观、价值观。

诚信显得尤为重要，"一言既出，驷马难追"包含的不仅仅是每个人的立人之本，更是齐家之道和择友之准，诚与信更渗透我们生活的点点滴滴。

量力而为，空话假话会成为负担，这种负担会越来越沉重，直到有一天无法背负。言出必行是考验每个人对待事物的一种态度，这种态度中就包含了诚与信。

大道至简，所有的至理名言实际上表达的道理都非常简单，但是往往越简单的道理越难在现实中做到。

诚与信，守信，诚实，从我做起，从自身做起。

/ 骠骑

芝兰于深林，不以无人而不芳；君子修道立德，不谓穷困而改节

［出处］

《孔子家语·在厄》

［释义］

兰花生于幽深的树林之中，不因无人欣赏而不芬芳；君子修行树立品德，不因穷困而改变气节。

据中国古代著名经学家王肃所收集整理的《孔子家语》，是一部记录孔子及门下弟子思想言行的儒家类著作。今本为十卷，共四十四篇，"在厄"为卷五第二十篇。阐述的是楚昭王想聘用孔子，孔子邀弟子前去拜访答礼，途经陈、蔡边境因被从中阻拦而断粮一事。弟子于是向孔子抱怨，孔子安慰说："故居下而无忧者，则思不远；处身而常逸者，则志不广，庸知其终始乎？"得见孔子逆境中仍以大道修人，令弟子折服。究其原因，孔子乃圣贤之人，都想得其助力。

这句话里的"芝兰""修道""立德"，不但适用于古人如何依道修学，也更适合于古为今用，用以规范我们平常人的行为准则，更是适用于在职在责者，尤其是党员干部要在其位谋其政。对于我国偌大的为民服务的政务群体，特别是我国现在正处于脱贫攻坚的关键时

期，个人的角色就如幽谷中的芝兰，只能尽量绽放，而别计较是否如愿辉煌，不但愧于国家的培养更是有负众望。

国家一直号召党员干部，要树立良好品德，这与"修道"有异曲同工之处，要勤政参政议政，懒政状态已经被时代所摒弃，各级领导干部都要以身作则，这也是实践与研究的大课题。我们党在建党近100年以来的时间里，一直秉承着为人民服务的宗旨，造福于民则是不断发展不断加强不断更新的重要工作，也就是说是在基层党组织不断扩大发展过程中，一直在不断丰富其内涵实质，使其更适应时代发展的需要，也使其更适应国民发展的需要。要本着党的利益、人民的利益高于一切的崇高思想前提，充分体现基层党组织的战斗堡垒作用，这就是党员干部根据需要不断自我约束自我提高的过程，从而更好地为人民服务。

党组织的领导核心作用，离不开基层党员干部的贯彻落实，这也是对应当今时代"立德"的具体体现。"立德"不是一蹴而就树立起的良好品德，而治理对策就要从基层开始长期抓起。社会发展的任何时期，都要在党组织的正确领导之下，坚定不移地贯彻执行党的各项方针政策。而各项方针政策的完成实施必须落实到基层，因此如何把党员干部队伍建设得更好、从而使基层党组织与社会的发展需求相得益彰，就是各级党组织需要不断研究和探索的问题。所以要从小事抓起，从源头抓起，时常告诫党员干部不能腐、不敢腐，不能因为暂时的贫困而产生动摇、改变气节甚至贪图私利。

面对新时代的党员干部要发挥的作用，困难时期要经受起各种考验，为完成消除贫困的目标还需要努力，进一步增加社会责任感，如芝兰般修道，如君子立德处事为民，最后取得脱贫攻坚战的决定性胜利。

/ 杨成菊

知足不辱，知止不殆

［出处］

《老子》

［释义］

知道满足就不会受到羞辱，知道节制就不会遇到危险。

以健康为本、知足常乐的生活理念，根植于国人朴素的人生信仰。《增广贤文》中有言："布衣得暖真为福，千金平安即是春"，平安是福，是人们心目中最渴求的问候和祝福，而平安则是建立在知足常乐基础之上的。然而，人们对于富足的标准不同，适度而止、知足常乐说起来容易，真正做到就难了。

对于适度和知足这个界定，儒释道三家都有精辟而独到的见解。儒家曰，戒之在得；佛家曰，若欲脱诸苦恼，当观知足；道家曰，祸莫大于不知足。由于不知足，并把这种贪念堂而皇之地作为人生的终极目标，并不懂得在物质追求上要适可而止，而在精神追求上要知不足，才是端正的修身之道。知足和知不足是物质与精神的最高境界，最能体现一个人的大智慧、大格局。

人的欲望是无止境的，如果用在求知欲上，就会成就一番事业，造福于人类社会。杨绛先生是著名作家、文学翻译家，在暮年相继失去女儿和丈夫，她一个人用心整理钱锺书文集，出版《走到人生边上》等作品。在学术上无止境地追求使她的人格散发出熠熠光辉，也给后世留下宝贵的精神遗产。如果用在对物欲的放纵，容易陷入贪得无厌、欲壑难填的鸿沟，不能自拔。古今高官被名利、权势所驱、难逃欲壑之人比比皆是。

北宋臭名昭著的奸相蔡京通过种种卑劣手段爬上相位后，大肆搜刮民脂民膏，趁机假公济私，拥有土地50万亩，富可敌国。可他还不满足，到了晚年还设法造假账，领取双份俸禄，贪婪无耻至极，还为扩建西花园拆毁民屋数百间，最终被钦宗下令流放，死于海南。

大清朝的和珅可谓中国古代最大贪官，他聚敛的财富在历代文武大臣中首屈一指，其家产超过朝廷十年收入。他在初入官场时也是一位廉洁自律的好官，只因私吞李侍尧和他的党羽的财产后得到了甜头，从而一发而不可收，最终落得被嘉庆赐死的下场。

中国的汉字是五千年文明的写意，而能写尽一生的只有三个简单的字，即上、止、正。这三个字中，止的意味更为深远，也是最难写的。上是精进是进取，通过努力容易达成愿望，而能在青云直上、飞黄腾达之时戛然而止却是需要智慧和勇气的。

曾国藩曾创立湘军，平定太平天国之后，官居一品，进无可进。由于手握兵权，功高震主，必然会被朝廷视为隐患。于是他主动裁撤湘军，用"低头一拜屠羊说，万事浮云过太虚"告诫弟弟，让他回家，并主动扶持李鸿章，以此消除清王朝戒心。曾国藩懂得"知止"，懂得"有福不可享尽，有势不可用尽"，从而得以善终，成就一世英名。

"天下熙熙，皆为利来；天下攘攘，皆为利往。"知足知止，应该成为衡量一个人对待名利的标尺，把生活的目标放在适度的天平，在不断精进之路上，踏踏实实走好人生每一步。

/ 李浅浅

纸上得来终觉浅，绝知此事要躬行

［出处］
［宋］陆游《冬夜读书示子聿》

［释义］

从书本上得来的知识，毕竟不够完善。想要透彻地认识事物，必须要亲自实践才行。

这首诗，写于宋庆元五年，也就是 1199 年的一个晚上，当时，陆游已经是 75 岁高龄了。从题目就可以看出，这首诗是写给 21 岁的小儿子子聿的。陆游的一生共有七个儿子，长子子虞、次子子龙、三子子修、四子子坦、五子子约、六子子布和七子子聿。同时，陆游还有三个女儿。七个儿子除了五子子约 27 岁英年早逝外，其余六个儿子都入仕为官，这也足以说明陆游一生教子有方。

那天晚上，陆游看见小儿子子聿正在书房里摇头晃脑地背着古书，很是洋洋自得的样子。陆游不由得来了兴致，就把放在子聿面前的书拿了过来，找到他正在背诵的篇目，询问他文章中的一些细节问题。结果，子聿被父亲问得脸红脖子粗，吞吞吐吐地回答不出来，一副"只知其然而不知其所以然"的样子。于是，陆游便拿起笔来，为儿子写下了这首《冬夜读书示子聿》。他告诉儿子，古人在学习上不遗余力，年轻时下功夫，到老年才有所成就。从书本上得来的知识，毕竟不够完善，要透彻地认识事物，还必须亲自实践。

陆游通过这首教子诗，讲明了实践和书本知识的关系，强调了实践的重要性。陆游告诉儿子，人们可以从书本中汲取营养，学习前人的知识和技巧，但也要通过实践，为己所用。只有通过"躬行"，把书本知识变成实际知识，才能用所学知识指导实践，实现知识的转化。

近代政治家、史学家、文学家、评论家梁启超曾这样评价陆游："诗界千年靡靡风，兵魂销尽国魂空。集中什九从军乐，亘古男儿一放翁。"但是，陆游从不满足。在他看来，自己一直没有达到最高境界。因此，他对儿子的教育，始终从实际出发，结合自己学习诗歌创作的亲身经历，语重心长地告诉儿子："纸上得来终觉浅，绝知此事要躬行。"

陆游的这两句诗，强调了做学问应该如何努力、功夫应该下在哪里的重要性。孜孜不倦、持之以恒地学知识固然很重要，但仅仅这样还远远不够。因为书本上的知识，是前人实践经验的总结，做学问不能纸上谈兵，要亲身"躬行"，善于实践。一个既有书本知识，又有实践经验的人，才是真正有学问的人。书本知识是前人的经验总结，是不是符合此时此地的情况，还有待于通过实践去检验。只有经过亲身实践，才能更好地领悟书本上的知识，并把它变成自己的实际本领。陆游从书本知识和社会实践的关系着笔，强调实践的重要性，凸显了陆游的真知灼见。"要躬行"包含两层意思：一是学习过程中要"躬行"，力求做到口到、手到、心到；二是获取知识后，还要"躬行"，通过亲身实践化为己有，为己所用。

陆游这两句诗的意图非常明显，就是激励儿子不要片面满足于书本知识，而应在实践中夯实和进一步获得升华。

在陆游的教导下，陆子聿弱冠之年科举及第，历任新喻丞、汉阳令、溧阳令、奉议郎等职。尤其他在任溧阳令期间，时刻铭记父亲"纸上得来终觉浅，绝知此事要躬行"的教诲，政绩突出，深受当地百姓的称赞。为此，《溧阳县志》中做了这样的记载："时县凋敝，子聿除暴安良，威惠兼济。革差役和买之弊，除淫祠巫觋之妖。仍兴起学校，土风丕变。至于官署学舍，邮传桥梁之属，罔不以次完缮。"后来，陆子聿官至吏部侍郎、中奉大夫。中奉大夫为正四品官员，陆子聿成为陆家的骄傲。

2016年4月，习近平总书记在安徽调研召开知识分子、劳动模范、青年代表座谈会发表讲话时，就引用了陆游的这两句诗："'纸上得来终觉浅，绝知此事要躬行。'所有知识要转化为能力，都必须躬身实践。要坚持知行合一，注重在实践中学真知、悟真谛，加强磨炼、增长本领。"2018年5月，习近平总书记在北京大学师生座谈会上再一次引用了这两句诗。

/ 郭宏文

修身 · 齐家 · 治国 · 平天下

齐家篇

哀哀父母，生我劬劳

《诗经·小雅·蓼莪》

［释义］

可怜我的父母，生养我们子女非常辛劳。

　　《蓼莪》是一首感恩父母养育之德的诗。《毛诗序》云："《蓼莪》，刺幽王也，民人劳苦，孝子不得终养尔。"诗中男子可能因为服兵役或者杂役，背井离乡，多年在外，不能在家耕种、服侍父母。正像《诗经》中另一首诗《君子于役》中那位妻子哭诉的那样，"君子于役，不知其期"。《蓼莪》中的儿子等到结束徭役，回到故里，父母却已经先后离世了。子欲养而亲不待。痛苦中的男儿泪洒坟前，声声泣血："蓼蓼者莪，匪莪伊蒿。哀哀父母，生我劬劳。"父母辛辛苦苦养育了我，而我却不能报恩于父母，多么令人悲伤。《诗经全译》注释，蓼，长大貌。莪，莪蒿。马瑞辰《通释》："是莪蒿即茵陈蒿之类。常抱宿根而生，有子依母之像，故诗人借以起兴。"

　　《蓼莪》诗以翁蔚的摇曳的莪蒿起首，歌之颂之父母的恩德。接下来的两章，先写自己失去双亲的伶仃与思念，抒发"无父何怙，无母何恃"的孤苦之情与没能孝敬父母的羞愧；再连用

"生""鞠""拊""蓄""长""育""顾""复""腹"9个动词，叙述父母种种"劬劳"，表达"欲报之德，昊天罔极"，父母恩德大如天，对未能终养父母抱憾终生的孝子之痛。最后两章，述说自己不能孝敬父母的不幸，一再叩问"民莫不穀，我独何害。民莫不穀，我独不卒？"：他人能养父母，为何我独来遭难；他人能养父母，我为何不能终养双亲？诗作哀伤泪目，凄恻动人，被清末文学家方友石称为"千古孝思绝作"。

孝悌是做人的根本。赡养父母、孝敬父母，是中华民族传统美德之一，是新时代大力倡导的基本公德。友善是社会主义核心价值观的要义之一，而百善孝为先。孝是全人类万古长存的美德，孝是人类爱心的源泉，是人类社会的道德义务。

世界上最伟大的爱是母爱。前几日，再次参观朝阳鸟化石国家地质公园，一块化石让我肃然起敬：一场灾难来临，鹦鹉嘴龙母爱大发，膝下护着的不是自己的孩子，而是它的天敌——遇难的似龙鸟留下的幼崽。而人类的爱，则更为深厚与崇高。

世界上最美的神是女神。读两千五百年前的诗歌，不禁想起五千年前牛河梁的红山女神。那是我们中华民族的祖母，受万民崇拜的神。

父母恩重如山，双亲情深似海。血脉绵延，孝道长存。

莪，萝莪蒿属，多年生草本植物。抱根丛生，很像孩童粘着连着父母的情状，俗称抱娘蒿。

多想像一丛莪那样，紧紧地抱抱我的亲娘，可惜母亲已经离世。

/ 邸玉超

传家两字，曰读与耕。兴家两字，曰俭与勤。安家两字，曰让与忍

〔出处〕

〔五代〕章仔钧《章氏家训》

〔释义〕

能够传家的是读书和耕种，能使家兴旺发达的是勤俭，能使家安稳的是谦让和容忍。

中华民族历史悠久，不论沧海桑田，还是经年尘世的如何变迁，终有一种对家的眷恋，对家的渴求，小到家族荣誉，大到民族精神，直至升华到对"家文化"的传承和笃信，衍生成一种不可磨灭的信仰。譬如这句"传家两字，曰读与耕。兴家两字，曰俭与勤。安家两字，曰让与忍。"这是出自五代时期章仔钧的《章氏家训》里的金句，读着质朴而又振聋发聩：能够传家的是读书和耕种，能使家兴旺发达的是勤俭，能使家安稳的是谦让和容忍。

"传家两字，曰读与耕"。读书可以通达明理，报效家国，耕田可以解决温饱，立命安身。而同为清朝的大学士纪晓岚也有一副对联，"一等人忠臣孝子，两件事读书耕田。"时至今日它仍像一把尺子，在做人和做事的维度里有着标准的丈量与指引。因为古代社会的局限，

唯有读书和耕田，既可精神通达，博取功名，也可温饱安身。那么把这副对联放到今天，它的释义就是读书助人学习成长，耕田则是工作和事业。只有多读书、好读书，事事躬行，不断求知，才能丰富自己，丰满羽翼，才有高的追求和事业，心系家国天下，才可在社会上有所建树和作为。所以传家的根本"耕与读"责无旁贷。

"兴家两字，曰俭与勤"。曾国藩曾在家书中说："家俭则兴，人勤则健；能勤能俭，永不贫贱！"这该是对"兴家俭与勤"最好的诠释。天道酬勤，追古抚今，勤劳肯干，不奢靡、不浪费的人家肯定富足优越，反之则溃败不堪。而放大到国家民族，历史上的商纣，隋炀帝等骄奢淫逸，误国误民误己，而我们共产党人则以此为镜，静以修身，俭以养德，才有今天大国泱泱，繁荣昌盛。"历览前贤国与家，成由勤俭破由奢。"李商隐的这句诗也再次印证了无论小家还是大家，兴的尺度永远是勤俭。

"安家两字，曰让与忍"。《东周列国志》里记载了管仲和鲍叔牙的故事。比如"管鲍分金"，"一起充军""各为其主""成就霸业"等等，记叙了两人友谊的同时，又是鲍叔牙不断地容忍和谦让于管仲，小而谈成了两人被奉为千古佳话的"管鲍之交"，大而谈使管仲的才能得到了施展，成就了齐桓公的春秋霸业。举一反三，人与人之间，邻里之间，国家之间，学会谦让该是一种修行，一种美德，是"明哲保身"，更是安家立国的一种尺度。不与人有过多无谓的争执，不计较鸡毛蒜皮的事，阳光积极向上，传递正能量，方能赢得人心与尊重，自然家安国安，"劳谦虚己，则附之者众。"而有了矛盾，更多时要容忍，"海纳百川，有容乃大"，不失为气魄和睿智之举。

物换星移，时过境迁。读、耕、俭、勤、让、忍，先贤的智慧如尺，仍警醒着我们，鞭策着我们——传承民族精神，领悟齐家典范，众志成城，建设美丽的大家。

/ 白小川

大人者，不失其赤子之心者也

［出处］

《孟子·离娄下》

［释义］

有德行的君子，能守住如婴孩般纯净质朴的心灵。

老子最早提出"含厚之德，比于赤子"，孟子正式提出了"赤子之心"一说。汉代经学家赵岐为本句做注时指出，"大人谓君。国君视民，当如赤子，不失其民心之谓也。一说曰，赤子，婴儿也。少小之子，专一未变化，人能不失其赤子之心，则为贞正大人也。"历代学者研究孟子的"赤子之心"，分为"本心说"和"民心说"两种。"本心说"强调对个体生命本真的归复。如朱熹注解为"大人之心，通达万变；赤子之心，则纯一无伪而已"。"民心说"如赵岐注解所倾向，是孟子"仁政"思想的一种反映，是儒家社会的道德理想目标。

笔者较为认同"本心说"，下面从三方面理解"赤子之心"于当下的现实意义。

对每个人来说，"赤子之心"是"纯粹之心"，是对人的本性的呼唤。赤子之心是人的本性初心，是一颗率直、纯良之心。人一降生，母亲便把它赋予我们，何其容易与幸运。历经寒来暑往，伴随世事磨砺，这颗心或蒙尘、渐硬,不再通透、失其本真。年少时,曾努力练就一颗"坚""强"的内心,以为那是成熟的标志。成年后,却常羡慕婴孩纯净的眼神、爽朗的笑声抑或放肆的哭泣。生活在现代社会,人们更应时常反观自身,探求生命的本真。赤子之心,是每个人都需要守护一生的修行。

对共产党人而言,"赤子之心"是为政的"初心",是坚守信仰和理想,坚持以人民为中心,全心全意为人民服务。2016 年 7 月 1 日,习近平总书记在庆祝中国共产党成立 95 周年大会上发表的重要讲话中强调,我们党已经走过了 95 年的历程,但我们要永远保持建党时中国共产党人的奋斗精神,永远保持对人民的赤子之心。"不畏浮云遮望眼""咬定青山不放松",共产党人的这颗"赤子之心"必须始终保持同人民群众的血肉之情,经得起历史和时代的检验。

对于文学创作者,"赤子之心"是一颗"无功利之心"。文学创作者的"赤子之心"是任凭世事沧桑,不计利害得失,依然能够拥有最初激情,以真心抒写真情实意。李贽《童心说》中有云,"天下之至文,未有不出于童心者也。"文人中之大人者,也要不失"赤子之心"。在政治、经济、自然、社会多种因素影响下,当代文人要保持自我主体性和独立性,坚守真诚、不造作的创作初衷,更加难能可贵。但只有守住"赤子之心",才能创作出有筋骨、有道德、有温度的经典之作。

但愿你我,千帆过尽,赤子之心不改。

/ 杨晶晶

夫君子之行，静以修身，俭以养德

［出处］

〔三国〕诸葛亮《诫子书》

［释义］

恬静以修善自身，俭朴以淳养品德。

三国时蜀汉丞相诸葛亮被后人誉为"智慧之化身"，他的《诫子书》也可谓是一篇充满智慧之语的家训，是古代家训中的名作。《诫子书》的主旨是劝勉儿子勤学立志，从淡泊和宁静的自身修养上狠下功夫，鼓励儿子勤学励志，《诫子书》有宁静的力量："静以修身"，"非宁静无以致远"；有节俭的力量："俭以养德"。后来，诸葛亮的儿子尽管没有经天纬地的才能，但是以其修身之道也成就了一番事业，成就了诸葛满门忠烈的美名。

上面我们了解了"静以修身，俭以养德"这句话的出处和故事，那么我们把这句话延伸到我们的生活领域，这句话对每个人的人生启迪，可以说在生活当中无处不在，已经深深地融入人们的生活和学习之中，这样的延伸、化解和寓意，也显得通俗易懂，并且意义非凡。很早的时候，在电视上看到这样一档栏目，大概是每周朗读一篇散文。我认为那是最早形式的"朗读者"，朗读的人是不出现在画面里的，只闻其声，那朗读的声音很有魅力，寻找着声音犹如身临其境。配以山川河流的画面，那个画面的意境真是美轮美奂，溪水的叮咚犹如敲在琴弦上。这档栏目出现最多的词，就是宁静致远，宣传语也是宁静致远。那一刻，我对宁静致远怀有敬畏和向往，幻想着，我就穿着飘飘的衣裙，行走在这诗情画意中，徜徉在这青山绿水间，惬意地享受阳光和领略大自然的风光，感悟人生的真谛。

蓦然回首，生活处处有风景，无须千辛万苦居住最高峰。当我们迷茫的时候，走出自己禁锢的围城，哪怕是凝望一滴水的飘落，也动人心弦。再者，听疾驰的风过竹林，闻竹清香。抑或盼望一颗种子的破土而出，舒展而茁壮。虽然这些渺小，但都是有蓬勃的生命，或是，我们赋予它们情愫和生命。由此我们的心湖清波潋滟、荡涤得一尘不染。是的，现代快节奏的生活，快的有时让人忘记了思考，何不试着停下飞快的脚步，等等灵魂，登高望远，心旷神怡。没有一朵花儿是白开的，没有一分耕耘是不值得的。沿着自己的目标前行，终能达到理想的彼岸。如果说最美的风景在哪里，在我们的心里，心若宽广能纳百川，如果说最高的山峰在哪里，还在我们的心里，心比云高会飞翔。"不以物喜，不以己悲"，勤俭自持，廉以修身，终生有志，有识有恒，建功立业。无论身在何处，无论公务或经商，都要首先修身、养德，诚实守信。"人之初，性本善"，守初心，寻来路，遵信仰，是最基本的美德。

宁静致远，厚积薄发。

/ 张艳荣

父母之爱子，则为之计深远

［出处］

《战国策·赵策四》

［释义］

天下之大爱就是父母爱孩子的那种爱，父母是怎么爱孩子的呢，他们为孩子的长远考虑，把孩子的未来都考虑好了。

公元前265年，赵惠文王去世，其子赵孝成王年幼，由赵太后摄政。秦国趁赵国政权交替之机，大举攻赵，赵国形势危急，向齐国求援。齐国要赵威后的小儿子长安君为人质，才肯出兵。赵威后溺爱长安君，执意不肯，致使国家危机日深。触龙在这种严重的形势下，上朝说服赵太后说："父母之爱子，则为之计深远。"在他的劝说下，赵太后最终让她的爱子出质齐国，解除了赵国的危机。

后来有人评说："国君的儿子啊，国君的亲骨肉啊，尚且不能依赖没有功勋的高位，没有劳绩的俸禄，并守住金玉之类的重器，何况做臣子的呢！"

父母之爱子，亘古不变。这个时代，生为人父母，究竟如何去爱孩子才是正确的？抑或者说什么样的爱才是对孩子长远的打算呢？孟子说："天欲降大任于斯人也，必劳其筋骨，饿其体肤，空乏其身，行拂乱其所为。"对啊，在成长中，哪个孩子不是经历一次次的挫折，才慢慢长大和成熟。据记载，幼鹰出生后，就要经历母亲残酷的飞行训练，否则不能获得母亲口中的食物。母鹰把幼鹰带到高处，或树边或悬崖上，把它们摔下去，有的幼鹰因胆怯而被母亲活活摔死。但母鹰不会因此而停止对它们的训练，母鹰深知：不经过这样的训练，孩子们就不能飞上高远的蓝天，即使能，也难以捕捉到食物进而被饿死。最残酷和恐怖的是，那些被推下悬崖而能胜利飞翔的幼鹰将面临最后的，也是最关键、最艰难的考验，因为它们那正成长的翅膀会被母亲残忍地折断大部分骨骼，然后再次从高处推下，很多幼鹰就是在这时成为飞翔悲壮的祭品。母鹰同样不会停止这"血淋淋"的训练，它眼中虽然有痛苦的泪水，但同时也在构筑孩子们生命的蓝天。动物如此，何况人乎？生儿有翼，每个人来到这个世界上都是有理由的，也是有他自己的路，父母与孩子都只是陪伴走一段路。正如龙应台所说："所谓父女母子一场，只不过意味着，你和他的缘分就是今生今世不断地在目送他的背影渐行渐远。""你站立在小路的这一端，看着他逐渐消失在小路转弯的地方，而且，他用背影默默告诉你：不必追。"所以，为孩子长远打算，就应从小放手，让他们经历磨难，逐渐能独挡风雨，这才是父母真正疼爱子女的正确方式啊！

/ 方玉玲

居家戒争讼，讼则终凶；
处世戒多言，言多必失

〔清〕朱柏庐《朱子治家格言》

［释义］

居家过日子，禁止一切争斗诉讼，一旦发生争斗诉讼，无论谁输谁赢，最终的结果都不吉祥；为人处世要禁止多说话，话说多了，一定会有所失误。

居家过日子共同营造和谐，则家事兴旺。一个家庭的幸福感来自于哪里呢？很显然，就来自于相互惦记、没有争讼之事。这是最基础的，也是不可或缺的。试想，家人之间整天为鸡毛蒜皮之事争得脸红脖子粗，闹得鸡飞狗跳；遇事相互推卸责任，未见担当，又哪有幸福可言呢？在这种环境中长大的子女，耳濡目染中，很可能会复制父母中最强势的那一个，重复着上一代不幸的故事……

俗话说，哪有舌头不碰牙的呢？既然不可避免，那我们何不将自己当作舌头，亮出柔软的一面，平心静气细思量呢？凡事都会有出口，为即将决堤的洪流找一个没有惊涛骇浪的出口，远比迎着风浪触碰底线更能转化成涓涓细流。

少言是修养，闭嘴是智慧；迎风守嘴，独处守心。有人说，在外边管住嘴确实很重要，因为嘴上是非多，可是在家里就不必那么客气了。错！倘若与家人喝五吆六，引起争吵是小，如果造成了心理上的伤害，对方回应你一个不理智的举动，恐怕就真的会抱恨终生了。

生活中这样的事不胜枚举。夫妻间不注重说话方式，争吵不断，导致积怨太深一失手而成千古恨；父母与子女之间发生争吵，子女行为过激，最终令人痛心疾首而无法挽回。去年上海浦东新区某大桥上发生的"母子争吵，儿子跳桥"事件，那短短几秒画面，依旧如刀刻斧凿般印在我的脑海里。在那突如其来的悲剧面前，母亲瘫坐在地上嚎啕大哭，但已无济于事。如果时间可以倒流，那位母亲也许不会选择一句带有刺激性的语言扎向儿子尚未成熟的心智，而作为青春期的儿子，一定会放下逆反，悉心听取母亲的意见，学会与任性鲁莽握手言和。细思极恐之下，这血的教训，无非是一两句争吵，无非是没能理智地对待"忍为高"。

亚里士多德曾说过："是我们的习惯造就了我们。"一些看似不起眼的随性而为，往往极大可能暗含"杀机"。善待他人，从语言开始，让好好说话成为源于心底的阳光或氧气，滋润自我心灵，滋养他人天地。每一次开口之前，让"嘟咪咪"成为美好的前奏。或许这短短三秒，便可以让你的心沉下来，静下来，于双向反思中共筑家的和睦。

或许你说，我平时也是这么想的，可是话到嘴边就有克制不住一吐为快的冲动。要我说，你还是没有真正意识到"冲动是魔鬼"！养成沉稳冷静的语境情态，那么躲在"照妖镜"盲区的魔鬼就无法显形了。

生活当中，能够被人爱的前提，首先要学会爱人。多些感受，少些争执，退一步海阔天空。要知道，再怎么美丽弯翘的睫毛，也含不住一滴眼泪。放下歇斯底里的强势，未到江南先一笑的感觉真的挺好。

至于"处世戒多言，多言必有失"更不难理解了。有句话叫"祸从口出"。由此可见，越会说话，你的格局就越大。反之，有可能让你陷入尴尬的境地、进退维谷，甚至"杀身之祸"。

有道是：每临大事有静气，谨言慎行今古贤。为人处世，看似简单，其实有很大学问。一言一行都能决定你命运的走向。古人有云：一言兴邦，一言亡国。古有蔺相如"完璧归赵"，更有春秋时期的郑国"子产献捷"。做人不仅要有勇武，更要有把控言辞的本事。正如孔子所言："非文辞不为功！"

学会创造一个舒适的语言环境，宛如走进一个幽静的小院。阳光将心灵唤醒，与自己喜欢的人一起烹酒煮茶，谈天说地。彼此怀揣双向站位的心态，无须多言，迎面而来的便已是扑鼻的花香。那时你会惊喜感叹：哦！原来最美的风景，正因为你的心平气和优雅而来，因为同频，岁月才这般静好。

/ 陈立红

老吾老，以及人之老；
幼吾幼，以及人之幼

［出处］

《孟子·梁惠王上》

［释义］

从关心、孝敬自己的长辈，进而延伸到关心、孝敬人家的长辈；从疼爱、照顾自己的孩子，进而延伸到疼爱、照顾人家的孩子。

村里人都很尊重姚老爷子，不光是他年纪大，也不光是他乐于助人，主要是他早年念过高小，不仅有学问，对子女要求也很严格，对孙女和孙子要求也很严格。

姚老爷子有两个儿子，大儿子住在省城，小儿子跟他住在乡下。小儿子也有两个孩子，一个女儿，一个儿子。女儿大学毕业在省城工作，小儿子才九岁，喜欢背诵古诗古文，姚老爷子就经常指导他。有一天小孙子摇头晃脑地背诵一句古文："老吾老，以及人之老；幼吾幼，以及人之幼。"姚老爷子笑着问他："小峰，你知道这句话的意思吗？"小孙子乐意跟他探讨学问："爷爷，我们老师说，这是孟子的一句名言，意思是说，从关心、孝敬自己的长辈，进而延伸到关心、孝敬人家的长辈；从疼爱、照顾自己的孩子，进而延伸到疼爱、照顾人家的孩子。"
姚老爷子点头称赞他："是这个意思。这句名言还告诉人们一个道理，
不孝敬自己父母的人，也不会孝敬别人的父母；不疼爱自己孩子的人，
也不会疼爱别人的孩子。小峰，你说为啥到幼儿园门口接送孩子的老
人越来越多，到养老院看望父母的儿女越来越少呢？"小峰想啥说啥：
"爷爷，幼儿园小朋友的父母都上班，忙得没时间接送他们，也没时
间去养老院。"姚老爷子慈爱地盯着他："小峰啊，忙可不是理由。
他们这是不孝顺，把老祖宗的好传统都给丢光了。作为儿女，居然忙
到没有时间去看望自己的父母，这是很可悲的事情。老吾老，以及人
之老。他们不去看望自己的老父老母，还能去看望别人的老父老母吗？
更别说'幼吾幼，以及人之幼'了，他们也只能爱护自己的孩子，不
会爱护别人的孩子。"小峰看见过村里有人把公婆撵出家门，城里的
媳妇看不起农村的亲戚，还有一种不好的风气，越来越多的年轻人，
结婚都不愿意跟父母住在一起，听说姐姐也有这个打算，忍不住问道：
"爷爷，我姐姐的公婆把家里的老楼卖了，在城里给他们买个新楼，
结婚的时候公婆又不跟他们住在一起，那他们住在哪儿？"姚老爷子
没法回答，就给他布置任务："小峰，等你姐姐回来，你把这句名言
给她念一遍。"

　　小峰的姐姐从城里回来，跟父母商量结婚的事情，姚老爷子喊来
小孙子，小峰大声朗诵起来："老吾老，以及人之老；幼吾幼，以及
人之幼。"小峰的姐姐小慧问他："你给我念这个干啥？"姚老爷子
先问她："小慧，你们真不打算跟公婆住在一起吗？"小慧冰雪聪明，
赶紧解释："爷爷，我没有这个想法，是他的主意。"姚老爷子还不
放心："小慧，你快结婚了，爷爷没有彩礼，叮嘱你几句话。你公婆
这辈子不容易，卖掉老楼给你们买新楼，他们就这么一个儿子，你们
就是在外地安家，也应该把他们接过去住在一起，何况还住在一个城

市里。一家人还是住在一起，日子才能越过越红火。你说对不对？"
小慧望着爷爷企盼的眼神，赶紧向他保证："爷爷您放心，我会好好
孝敬公婆，让他们安度晚年。"

／刘洪林

千经万典，孝悌为先

［出处］

〔明〕《增广贤文》

［释义］

千万种经典讲的道理，孝顺父母，友爱兄弟是最应该先做到的。

说"千经万典，孝悌为先"，我要从曾经看过的一个网络视频入题：波浪翻涌的河流中，一只小鹿涉水过河。小鹿游到水流中央的时候，它全然不知凶险已经就在身后，一条鳄鱼悄悄尾随而至。就在小鹿将要落入鳄鱼利口之际，母鹿从河边迅疾地游过来，它隔在鳄鱼和小鹿之间，定定地立在那里等待鳄鱼过来，母亲把生的希望留给了自己的孩子。一个浪头过来，母鹿瞬间落入鳄鱼之口，沉入水底不见了踪影。而此时，小鹿懵懵懂懂，它不知道刚才究竟发生了什么。母鹿视死如归，爱子之心惊天地、泣鬼神！

那一刻，我的心隐隐作痛，禁不住泪流满面。

人间大爱是父母之爱，人间真情是父母的舐犊之情。这种情感让人心痛，也让其他所谓的爱情、友情等都黯然失色。父母之爱是宇宙间最为无私的情感，没有索取，只有奉献，不图回报，只希望儿女们好好地成长，快乐地生活，精彩地做人。为了孩子，他们可以委曲求全做任何事情，即使献出自己的生命也在所不惜。

鸦有反哺之义，羊有跪乳之恩。孝敬父母是中华民族的传统美德。父母将我们含辛茹苦地养大成人，历经坎坷，尝尽磨难，所以在我们有能力反哺之时，没有任何理由不去尽孝。

人间百善孝为先，孝道是做人之本，孝道是做人的基石。如果连这一点都做不好，其他也就无从谈起。孔子说："孝悌也者，其为仁之本与！"他劝诱人们首先要孝顺父母、友爱兄弟，然后才能够为国家做出贡献。一个不爱至亲、不懂得感恩的人，我不相信他会有什么大的成功，也不相信他的前景会如何美好。

孝敬父母长辈，不仅体现在满足老人的物质需求上，更要尊重老人对生活的选择，多与他们沟通、交流，抽时间多陪伴他们，常回家看看；对老人的缺点多一点宽容和谅解，多站在他们的角度考虑问题。老话讲"顺者为孝"，尽量顺从老人，说话和颜悦色，做事要不厌其烦。

十分喜欢台湾歌手苏芮的那首如泣如诉的歌曲《奉献》："白鸽奉献给蓝天，星光奉献给长夜，我拿什么奉献给你，我的小孩？雨季奉献给大地，岁月奉献给季节，我拿什么奉献给你，我的爹娘？"爹娘给了我们生命，陪伴我们一点点长大，我们唯一需要做到的就是陪伴他们慢慢变老。

很长一段时间里，我总感觉自己就是那只小鹿，为小鹿的境遇而难过。也许，小鹿永远都弄不懂为何自己突然间就失去了母亲的陪伴。子欲孝而亲不待，小鹿终身都没有反哺母亲的机会了。但我相信，当小鹿以后也有幸成为父母的时候，它同样会奋不顾身地去保护自己的孩子。而如今，好好活着，也许就是小鹿对母亲最大的孝道！

/ 齐林

树欲静而风不止，子欲养而亲不待

［出处］
《孔子家语·卷二》

［释义］

树希望静止不摆动，风却不停地刮动他的枝叶；子女想赡养父母，父母却已经离开人世。

时间永远在不停地流逝，哲学上讲客观事物是不以人的主观意识为转移的，所以这种逝去是不随个人意愿而停止的，多用于感叹为人子女希望尽孝双亲时，父母却已经早早亡故。此话亦是反过来告诫世人，行孝道要及时，要趁父母健在的时候，而不要等到父母去世的那一天。

此句产生的背景是，孔子带弟子出行，听到有人哭得十分悲伤。孔子说："快，快，前面有贤人。"走近一看是皋鱼。身披粗布抱着镰刀，在道旁哭泣。孔子下车对皋鱼说："先生家是不是有丧事？为什么哭得如此悲伤？"皋鱼回答说："我有三个过失：年少时出去求学，周游诸侯国，没有照顾到亲人，这是过失之一；自视清高，不愿为君主效力，没有成就，这是过失之二；朋友交情深厚，可很早就断绝了联系，这是过失之三。树想静下来可风却不停吹动它，子女想要好好孝敬的时候老人却已经不在了！过去了不能追回的，是岁月；逝去后想见而见不到的，是亲人。就让我从此离别人世吧。"说完就投湖自尽以示对父母的悔罪。

一向善于因势利导，诲人不倦的孔子对弟子们说："大家要引以为戒，这件事足以让我们明白其中的道理！"

于是，有许多弟子辞行回家赡养双亲。

其实我们每一个人，都曾在心底有"孝敬"父母的念头或"计划"，只是很多人想着当我功成名就，衣锦还乡的时候，就可以专心致志地孝敬父母了。可是忽视了时间的残酷，没有意识到人生的短暂。时光如白驹过隙，倏忽即逝，孝顺父母也是稍纵即逝的，直到最后的时刻才后知后觉，却无法挽回。

因此，儿女之孝，一定趁父母健在的时候做起，从一点一滴做起，从当前当下做起！能为之时就要去为，不要等时光过去，把遗憾留给自己。

记得一次去参加朋友的聚会，一位四十几岁的男人酒后伏案痛哭，原因是母亲刚走不久，他一时还很难在心理上走出来。友人不断的诉说中我们得知，前几年他的事业几起几落，父母跟着操了很多心，这几年事业刚刚稳定，本以为这回可以好好地陪陪父母，用孝心回报父母，母亲却偏偏不幸离去。这种伤痛与懊悔成了心中永远无法弥补的伤痕，让闻者无不为之动容。父母在人生尚有来处，父母不在人生只剩归途。人生有太多的不能等待有太多的无法弥补，当你脚步不停地忙碌在尘世中，那些你身边最亲近的人却已悄然离去。

以后的友人似乎大彻大悟，他结束了几处生意与父亲住到一处，尽可能地腾出一些时间来陪陪父亲，带着父亲四处走走，他不想让往后的人生中充满遗憾。

孝心孝道，从古至今在中国的文明中思想中不断地被提及被强调，它不仅是指对父母在衣食上的满足供给，更是在精神上思想上多一些长情多一些陪伴，让孤寂的父母在平凡的岁月中多一些快乐安心。

记得上一次看父亲是一个月前的事情了。站在门口听着父亲踢踏的拖鞋声，开门的一刹那是父亲满脸的惊喜。老人不会在意你拿了多少东西，也不会注意你是否开的豪车，唯一记得的是你上一次回来的时间。在这一方面先生做得要比我好，他会时常提醒我是不是要回去看看，也会不时地给父亲打一个电话，虽然他语言朴实笨拙，词语中亦没有过多的花哨，但是却足以慰藉一个老人的孤独寂寞。

从古至今，无论时光如何变迁，父母对子女之爱亦不会改变，孩子对父母的感恩之心孝顺之心亦不能改变。

每一个人都是社会的一个分子，每一个家庭都是社会中的小小的单位，家庭幸福安宁关乎社会的和谐进步祖国的富强繁荣。每一对有孝心爱心的父母一定会培养出有责任感有担当的孩子，他们懂得感恩懂得孝顺，有正确的三观，有对社会国家正确的认知感强烈的责任心，更能在社会发展中脱颖而出成为国家的栋梁之材。

继承弘扬祖国的传统文化，让孝心孝道真正融入我的生活中，让我们的传统文化在中华大地上世世代代传承、处处开花。

/ 张元

斯是陋室，惟吾德馨

[出处]

〔唐〕刘禹锡《陋室铭》

[释义]

这是所简陋的房子，只是我的品德芳馨。

刘禹锡的散文名篇《陋室铭》通过具体描写"陋室"的恬静、雅致的环境，表现了作者不与世俗同流合污，洁身自好，不慕名利的生活态度，表达了作者高洁傲岸的节操，流露出作者安贫乐道的情操。全文虽只有短短的81个字，却聚描写、抒情、议论于一体，运用了对比、白描、隐喻、用典等手法，而且押韵，韵律感极强，读来金石掷地又自然流畅，一曲既终，犹余音绕梁，让人回味无穷。被世人传诵的"斯是陋室，惟吾德馨"，就出自《陋室铭》，翻译成白话文的意思是："这是所简陋的房子，只是我的品德芳馨。"

言为心声，文如其人。要想全面理解"斯是陋室，惟吾德馨"的含义，不仅要阅读《陋室铭》全文，还要了解它的作者刘禹锡。刘禹锡既是中唐进步的政治家、朴素的唯物主义者，又是文学家、诗人，有不少诗篇表达了要求改革的斗争精神。他积极支持韩愈、柳宗元倡导的古文运动，反对写作"沉溺于浮华"。他的散文思路清晰、简洁晓畅，说理文论证周密、深入浅出，与白居易并称"刘白"，与柳宗元并称"刘柳"。刘禹锡的一生并不得志，却始终热爱生活，"晴空一鹤排云上，便引诗情到碧霄"，始终坚信"沉舟侧畔千帆过，病树前头万木春"。所以说，"斯是陋室，惟吾德馨"之所以被后世仁人当成修身的准则，更与作者的人格魅力有关。

中国共产党人，更是甘居"陋室"，乐守"清贫"。革命烈士方志敏在《清贫》中这样写道："我从事革命斗争，已经十余年了。在这长期的奋斗中，我一向是过着朴素的生活，从没有奢侈过。经手的款项，总在数百万元；但为革命而筹集的金钱，是一点一滴的用之于革命事业。"他的积蓄只有"几套旧的汗褂裤，与几双缝上底的线袜"，他英勇就义时虽只有 36 岁，但他留下的《可爱的中国》却像一簇永不熄灭的火焰，激励着后来人奋发图强。

毛泽东曾告诫全党"务必使同志们继续地保持谦虚、谨慎、不骄、不躁的作风，务必使同志们继续地保持艰苦奋斗的作风"。毛泽东不仅这么要求别人，自己更是身体力行的典范。从 1953 年到 1962 年底，毛泽东没做过一件新衣，有两身较好的服装，也只有接见外宾，参加国事活动或外出才穿，一回到家里，就又换上旧衣服。他的两件睡衣穿了几十年，直到逝世。这两件睡衣，一件上有 67 个补丁，另一件上有 59 个补丁。

中华民族在中国共产党的正确领导下，全国人民已从站起来、富起来，向强起来高歌猛进，更须发扬"斯是陋室，惟吾德馨"的精神，把满腔的热情全部投入到工作中，为实现全面脱贫奔小康做出自己的应有贡献，为中国共产党成立一百周年献上自己的一曲"英雄赞歌"。

/ 韩光

言必信，行必果

［出处］

《论语·子路》

［释义］

说了就一定守信用，做事一定办到。

答应别人的事必须做到，做到才会有结果（效果、回报等），做到后别人才会更信任你，才会有长期的交往（交易、合作等）。

"言必信"讲的是诚信待人。这是一种做人的准则和美德。向别人说出的话或许下的诺言，必须字字千金、掷地有声、一一兑现、句句负责，绝不可言而无信。这是一份责任、一份真诚。这是对自己的尊重，也是对别人的尊重。"行必果"讲的是行动必须有成效。这是检验人的恒心和决心的试金石。一个人如果确定要做成一件事，不论会遇有何种困难和阻力，不论需要付出何种努力和代价，都必须要一心一意、全力以赴、持之以恒，确保要做的事高效成功，决不可半途而废，草率收场。这样说话办事的人，必然是一个成功者。

"言必信，行必果"是我家的家训。

我因说话不算数让爸爸打过一笓子，让我记一生。

那是一个初冬，放学学校要求每人第二天带 10 斤柴火。放学后我与同学们一起玩打杈将拾柴火的事忘脑后了。上学要走收拾书包才看到带柴火的字条，我是班长，不带头带柴火显得多没面子？老师号召的时候要求自己捡。没有柴火我背着书包在大门口站着不走，想从家拿还怕父亲生气。在大门口站了好一会儿，父亲来到我身边问我没上学的原因，我没说话，低下了头。父亲说：快走吧，再不走就迟到了。父亲进屋了，过一会儿，父亲出来见我还没走，来气了，走到我近前大声问我怎么没上学？我说：我没捡柴火，学校让带柴火。父亲一听说，这么点小事，你还在这站着，柴火堆的柴火你随便抱。我站在那没动。父亲信手拿起柴火堆旁边的笤子，照着我的屁股就是一下子，我一下子就趴那了，一股尿尿到裤子里了。

从那天起，每天上床前都要想一下这一天还有哪些事没做，是什么原因，如果是懒惰造成的，就是不睡觉也要完成。

我家住在山沟里，中学离我家22里，每天要走一个往返，同我一起上学的11人10人辍学了，我坚持下来了，我成为我们屯第一个大学生。

参加工作晋职称要求外语，我跟电台学了两年，其间好多同事都觉得枯燥无味放弃了，我坚持下来了，顺利晋升高级职称。

初中的一次班会上我曾说过要多读书，争取成为一名作家。在同学中引起哄堂大笑。我记着自己说过的话，参加工作业余时间学写作，如今已经出版过两部散文集，被辽宁省作家协会吸纳为会员。

如今，这言必信，行必果六个字还在老家的墙上贴着，是我家人的行为准则。

言必信，行必果伴随我一生。用家乡人的话说：大老爷们，说了就做，吐唾沫就是钉。

山里人的脾气就是一个字"犟"。

/ 史庆友

一粥一饭，当思来之不易；
半丝半缕，恒念物力维艰

[出处]

〔清〕朱柏庐《朱子治家格言》

[释义]

对于一顿粥或一顿饭，我们应当想着来之不易；对于衣服的半根丝或半条线，我们也要常念着这些物资的产生是很艰难的。

（一）

从春天播下一粒种子，到秋天收获一捧稻米，再到餐桌上的一碗粥饭；从春蚕吐丝，到纺丝织布，再到剪裁缝衣，祖祖辈辈淳朴善良的劳动人民，起早贪黑，顶酷暑，冒严寒，栉风沐雨，为吃饱穿暖辛勤耕耘。"锄禾日当午，汗滴禾下土。谁知盘中餐，粒粒皆辛苦。"距今一千多年前的唐代诗歌就已咏叹出无限感慨。

2013年5月24日，习近平总书记在十八届中央政治局第六次集体学习的讲话中引用了明末清初朱柏庐"一粥一饭，当思来之不易；半丝半缕，恒念物力维艰"的治家格言，习近平总书记指出，古人质朴睿智的自然观，至今仍给人以深刻的警示和启迪。

2020 年，新冠肺炎疫情肆虐全球，国际形势风云突变，百年未有之大变局给我们敲响了警钟。习近平总书记再次对制止餐饮浪费行为作出重要指示，强调要加强立法，强化监管，采取有效措施，建立长效机制，坚决制止餐饮浪费行为，要进一步加强宣传教育，切实培养节约习惯，在全社会营造浪费可耻、节约为荣的氛围。

浪费还是节约，看似是个人的行为习惯，却照鉴着一个社会的文明品质。浪费一粒米、一滴油，看起来不起眼，聚少成多，则是关乎国家粮食安全的大问题。亲朋相聚，别拿剩菜当盛情，一饱之需，何必八珍九鼎？剖析种种浪费行为，背后总少不了讲排场、摆阔气、攀比炫富等陋习的影子。"一粥一饭，当思来之不易；半丝半缕，恒念物力维艰"，古人的治家格言就是当下制止餐饮浪费最朴素的注解。

三餐之盘，当一干二净。开展"光盘行动"让适度、健康、营养的饮食观念根植于心。所用之物，当节约环保。"惜物"教育重在培育人们敬畏与尊重自然的"物质观"与居安思危的"价值观"。从我做起，改变大手大脚与漫不经心的旧习惯，做一些精打细算的日常小改变，节约每一粒粮食，爱惜每一份资源，如果做到了，为自己点个赞，让节约成为时尚。

"历览前贤国与家，成由勤俭败由奢。"人无俭不立，家无俭不旺。勤俭节约，艰苦奋斗是中华民族永不过时的"传家宝"，我们要实现中华民族伟大复兴的中国梦，就应时刻珍惜来之不易的"一粥一饭""半丝半缕"，让人间烟火气更有幸福味道，让美丽中国可持续发展！

／江颖

（二）

朱柏庐的《朱子治家格言》简洁、工仗、明了，有晚明小品的韵致，体现了一代学人情怀。尤以"一粥一饭，当思来之不易；半丝半缕，恒念物力维艰"一句，使人振聋发聩，言犹在耳。悠悠几百年过去，这些前贤的话语仍然闪耀着灼灼的光华，虽然轻言絮语，于今日仍具现实诚勉意义。

农耕时代，物质匮乏，锦裘华屋的生活并非人人所能求得。相反，去奢求俭，珍惜物力应是必须。一代一代的传承，体现了中华文化的血脉相连，根脉所系的源远流长。记得幼时，饭桌旁吃饭，祖父坐在一端。祖父有时小酌，桌上置一锡壶，一瓷盅，自斟自饮。下酒菜不过花生米白菜心之类，有猪头肉荤菜必是年节。小孩子眼馋那下酒菜，痴痴地盯着看。偶尔，祖父用筷子夹几粒送到口中，细细咀嚼的是慈爱和亲情。

一日，亲眼所见，祖父在找寻掉了的一粒花生米。照例，掉在炕沿缝里的那粒花生米一定沾满灰尘，该扔掉的。我看见，多是诧异和惊奇。祖父轻叨："一粥一饭，当思来之不易；半丝半缕，恒念物力维艰。"而且，着重对我说，吃饭尤其不能"剩饭碗"。我问为什么？家里人几乎一致地说，那将来娶的媳妇一定是个麻子。并且，我真的信了。

及长，才懂得，那是在倡导节俭。乡下农家，开源节流，源头在哪里，庭院窄小，自留地有限，能自给自足便不错。只好在流上做足功夫，吃饭穿衣能省则省，削减口腹之欲，把牙齿勒了又勒。幸亏母亲持家有方，既勤又俭，日子能细水长流，才不会捉襟见肘。后来家庭条件渐好，母亲也一直告诫我们，不能事事吃好穿好追求奢侈，人要惜福。

发生在我身边的一件事最有教育意义，三年前，有位小同事在食堂吃饭，吃到中途走了。餐盘中剩有大半食物，有肉有菜，看着叫人心疼。座中一位领导，摇头不已，嘴里念叨着，怎么能这样？众目之下，拿过餐盘，心无芥蒂地把剩下的食物全部吃掉。当我们把这个事情告诉给小同事时，小同事一脸惭愧，表示下次再也不敢浪费了。

时代是在进步，人们也不一定需要吃则天天清水白菜，住则茅屋瓦舍才是生活的本真。近年来，婚丧嫁娶，豪车香马，尽显奢华，忘却祖训，真是不该。更有甚出现如黄金宴之类的事情，实是新人乍富的张狂。反观全球尽力提倡自然节俭，绿色环保，真是东风西渐，惭愧。

数典不可忘本，历览前贤国与家，成由勤俭败由奢。毕竟资源有限，无尽的索取大自然也一样消耗殆尽。无谓的排场，无意的奢华，只会受到越来越多的人的侧目。而素朴，实事求是，轻车简从，仿佛一阵一阵的清风，更沁人心脾。

/ 王凯

修身 · 齐家 · 治国 · 平天下

治国篇

安得广厦千万间，大庇天下寒士俱欢颜

［出处］

〔唐〕杜甫《茅屋为秋风所破歌》

［释义］

如何能得到千万间宽敞高大的房子，普遍地庇护世上贫寒的读书人，让他们开颜欢笑。

唐肃宗上元二年（761）的春天，杜甫求亲告友，在成都浣花溪边盖起了一座茅屋，总算有了一个栖身之所。不料到了八月，大风破屋，大雨又接踵而至。诗人长夜难眠，感慨万千，写下了这篇脍炙人口的诗篇。诗写的是自己的数间茅屋，表现的却是忧国忧民的情感。

别林斯基曾说："任何一个诗人也不能由于他自己和靠描写他自己而显得伟大，不论是描写他本身的痛苦，或者描写他本身的幸福。任何伟大诗人之所以伟大，是因为他们的痛苦和幸福的根子深深地伸进了社会和历史的土壤里，因为他是社会、时代、人类的器官和代表。"

杜甫在《茅屋为秋风所破歌》诗里描写了他本身的痛苦，但当我们读完最后一节的时候，就知道他不是孤立地、单纯地描写他本身的痛苦，而是通过描写他本身的痛苦来表现"天下寒士"的痛苦，来表现社会的苦难、时代的苦难。如果说读到"归来倚杖自叹息"的时候对他"叹息"的内容还理解不深的话，那么读到"呜呼！何时眼前突兀见此屋，吾庐独破受冻死亦足"，看出他在狂风猛雨无情袭击的秋夜，并不是仅仅因为自身的不幸遭遇而哀叹、而失眠、而大声疾呼，诗人脑海里翻腾的不仅是"吾庐独破"，而且是"天下寒士"的茅屋俱破……杜甫这种炽热的忧国忧民的情感和迫切要求变革黑暗现实的崇高理想，千百年来一直激动读者的心灵，并产生过积极的作用。

杜甫生活在唐朝社会生活动荡的年代，所见所闻、所思所想的，都是处于水深火热之中的黎民百姓。它发出的强烈的、悲愤的呼吁，都是积压在心头的、不吐不快的正直的知识分子的呐喊，是想解万民之苦的心声。杜甫当过基层小吏，更了解百姓疾苦，更知晓体制的黑暗，更想为百姓发声。作为一个封建社会的基层官员，在那个时代就敢于为百姓发声，为"寒士"代言，这种精神多么难能可贵。

当下，中华民族的崛起与发展已经进入一个特定的新的发展时期，改革开放取得的成果，已经让今日的中国彻底改变了封建落后的形象。虽然我们还处于初级阶段，我们还有一些贫困落后的地区，我们的发展还不平衡，但已经不是当年杜甫所在的朝代可以同日而语。中国已经站起来了，中国已经让世界刮目相看。

中华民族正处于强劲发展的重要机遇期，也处在敌人层层围堵的困难时期。中华民族的发展强盛不是一帆风顺的，更不是被吓大的，而是在不断战胜艰难险阻的斗争中发展壮大的。面对困难，我们必须万众一心、同仇敌忾；必须不断增强国力，不断满足广大人民群众日益增长的物质文化需求，不断提高百姓的生活水平，不断为广大知识分子和各类人才创造能充分施展才干的天地和良好的环境，不断提高全社会的文化素质，继承和发扬中华民族的优秀传统，真正让杜甫的呼吁变成现实，让黎民百姓生有所保、住有可居、学有所用、才有可施、壮有所为、老有所养，也只有这样，中华民族才能达到真正的强盛，才会真正屹立于世界民族之林。

/ 东来

公生明，廉生威

［出处］

〔明〕年富《官箴》刻石

［释义］

处事公正才能明辨是非，做人廉洁才能树立威信。

习近平总书记曾多次引用明代年富《官箴》刻石上的这句话，可以说这是总书记对整个干部队伍的基本要求。

据考证，《官箴》之言最早出自明初学者曹端，后山东巡抚年富对其词句稍作改动，增加了这句脍炙人口的"公生明，廉生威"，并用工楷书写，作为自己为官的座右铭。

公权本姓公，用权当为民。悠悠千年的中华历史铭记了许许多多的廉政官吏，他们的事迹不仅为百姓津津乐道，也是许多干部廉洁自律的目标典范。那么，为官公正清廉的意义何在？公生明，廉生威，这句话高度凝练而又精准地道出了问题的核心。

由古至今，国家管理都不是单独一个人能够完成的，维持国家的运行需要所有官员互相配合，而领导干部在其中所起到的带头作用不仅仅在于指挥调配，更重要的是引导风气。东汉时，羊续长期担任南阳太守，一直过着俭朴的生活，有个下属看到太守的生活太过清苦，于是拿了几条鲜鱼送给羊续，请他尝尝。羊续虽然收下鱼却没有吃，而是悬挂在厅堂上。过了些日子，下属又送鱼给羊续，羊续指着厅堂上悬挂的干鱼道："上次你送给我的鱼还挂在那里，以后不必再送。"来人本来想趁着送鱼的机会请太守办点私事，遇到这种情况，便不好意思再开口，也不再送礼行贿。羊续不收受贿赂、不徇私枉法，一改官场"常态"，用自己的公正廉明给下属树立为官典范，让下属们明白行贿的路走不通，廉政清明才是官途正道，这便是公生明。

曾经写下《石灰吟》明志的于谦在河南、山西巡抚任上时，官场贪赃纳贿蔚然成风，外吏入觐时常从百姓手中搜刮当地特产作为礼物，赠送给朝中要员。于谦与其他官员不同，他每次回京城议事从不曾带任何礼物，更不曾搜刮民脂民膏，一心为百姓谋福祉，因此深受百姓爱戴。当于谦卸任返京时，百姓自发前来送行，希望于谦能够收下当地的绢帕、蘑菇、线香等土特产，以便回京后分送给朝中权贵，让未来的官途更加顺畅。于谦感谢百姓们的好意却坚决拒收送来的东西，更在回京后作诗《入京》表明心志："绢帕蘑菇与线香，本资民用反为殃。清风两袖朝天去，免得闾阎话短长。"由此，"两袖清风"一词也成为对清廉官员的歌颂。

漫长的历史长河里，羊续和于谦这样清正廉洁的官员不胜枚举，他们用自己的言行为后世立下为官原则——处事公正才能明辨是非，令政风清澈明朗；为官廉洁才能树立威信，真正得到百姓的认可。

／墨白焰

苟利国家生死以，岂因祸福避趋之

〔出处〕

〔清〕林则徐《赴戍登程口占示家人》

〔释义〕

只要对国家有利，即使牺牲自己生命也心甘情愿，绝不会因为自己可能受到祸害而躲开。

西去路上，一位鬓发斑白的老人流着鼻血，艰难走过黄土高原，顶着漫天大雪蹒跚进空茫戈壁。于两旁搀扶老人一路进疆的两个儿子，心疼得跪在皑皑雪野，向天祷告：若父能早日得赦召还，孩儿愿赤足趟过果子沟！

老人的身后，一缕长风裹挟着虎门销烟后的一声长叹，也裹挟着黄河洪涛肆意泛滥后依依顺从的豪迈。在玉门关下，在血色浸透的夕阳里，一遍遍吹拂"苟利国家生死以，岂因祸福避趋之"的铮铮誓言。经过四个月零三天的长途跋涉，到达伊犁重病在身的老人，仍不忘在日记写下"频搔白发惭衰病，犹剩丹心耐折磨"的诗句，抒发家国情怀。

而此刻，中国的指针正在鸦片战争硝烟的笼罩下，苦苦穿行。禁烟英雄林则徐在南海销烟一年半后，便被革职贬到镇海，第二年七月再度被发往伊犁效力赎罪。赴疆途中，黄河泛滥，林则徐被派戴罪治水，半年后治水完毕，所有人都论功行赏，却只有他仍被发往伊犁。《赴戍登程口占示家人》这首诗便是写在林则徐发配伊犁的路上，一纸铿锵难掩老骥伏枥的沧桑，然而那力微而任久、风雨是君恩的赤诚，那宁肯不畏牺牲生命也心甘情愿的壮志豪情，却长留青史，在千万代后世子孙胸怀中激荡，鼓舞着炎黄子孙的民族气节与爱国豪壮。

美国前国务卿、政治家基辛格在《论中国》中提到：中国总是被他们之中最勇敢的人保护得很好。鲁迅在《中国人失掉自信力了吗》杂文中写道："我们从古以来，就有埋头苦干的人，有拼命硬干的人，有为民请命的人，有舍身求法的人……虽是等于为帝王将相作家谱的所谓'正史'，也往往掩不住他们的光耀，这就是中国的脊梁。"诚然，有五千年文明的中国从来不缺勇敢的人，从上古神话传说中补天的女娲、治水的大禹，到中世纪忧国忧民的范仲淹、精忠报国的岳飞，到近代为大家舍小家的林觉民、为真理不怕断头的夏明翰，到当代一心钻研杂交水稻的袁隆平、心有大我至诚报国的黄旭华……如今，我们更欣喜地看到，承担"嫦娥四号"航天工程的中国空间技术研究院的技术团队平均年龄只有35岁，承担世界最大单口径射电望远镜——"中国天眼"调试任务的科研团队平均年龄35岁，当新冠肺炎疫情来袭，华夏大地四面八方无数白衣天使不分男女老少，争先奔赴武汉抗疫……中国正是因为有了他们，才挺直了脊梁。

苟利国家，不避祸福，已成为当代中国人奉行的爱国准则。因为在中国，爱国从来不是一句空话！

/ 李长江

捐躯赴国难，视死忽如归

［出处］

〔三国〕曹植《白马篇》

［释义］

在国家遇到危难之际奋勇献身，对待死亡就如回归故里一样。

今年的春天，对于中华民族来说极为不平凡。

在金猪灵鼠即将交替之际，猝不及防的新型冠状毒肺炎疫魔突袭而来。

在这关乎国家安危、民族生死的危急蹙迫时刻，在国家的号令下，举国上下迅即腾涌起巨涛，武汉加油！中国加油！昂扬强壮的心声，化作雄风盈满的澎湃，大江南北，长城内外，打响了一场波澜壮阔的抗疫阻击战、防控战。

除夕夜和之后的一批批众多逆行者，别离家人，昂然奔赴没有硝烟的江汉大地疫区，以满腔激情的赤诚亮丽的中华魂，书写和延续了中华民族慷慨赴国难波澜壮阔的不老故事，弘扬和光大了中华民族气壮山河的伟大团结、伟大奋斗精神，成为新时代最美的人，"是光明的使者，希望的使者，是最美的天使，是真正的英雄！"

2019 年 4 月 30 日，习近平总书记在纪念五四运动 100 周年大会上的讲话中指出："爱国主义是我们民族精神的核心，是中华民族团结奋斗、自强不息的精神纽带。五四运动时，面对国家和民族生死存亡，一批爱国青年挺身而出，全国民众奋起抗争，誓言'国土不可断送、人民不可低头'，奏响了浩气长存的爱国主义壮歌。"

在漫长的岁月里，中华民族经历了无数血与火的洗礼，孕育和形成了强大的凝聚力、卫国御侮的精忠尚武精神和不畏强敌、浴血奋战的优良传统，形成了大团结、强盛的国家。

在群雄起兵、乱象丛生的古代，为了华夏兴旺强盛，无数炎黄子孙以"捐躯赴国难，视死忽如归""从军玉门道，逐虏金微山"，"何惜百死报家国"的豪迈与雄壮，纵横驰骋疆场，跃马怒斩顽敌，守土戍边卫疆，谱写了一支支雄浑悲壮、响彻云霄的战歌。

在列强侵略、民族屈辱的近代，为了拯救中华，无数仁人志士以"还我河山""天下兴亡，匹夫有责""吾辈从军卫国，早置生死于度外"的家国情怀，揭竿而起，奋起抗争，纵横捭阖，勇御外侮，血洒热土，遏制了帝国列强瓜分中国的企图，彰显了中华民族的浩然气概和自强不息的豪迈精神。

在骁虏入侵、民族危亡之际，为了国家民族血脉永存，无数农家儿女铸犁为剑，众多在校学子投笔从戎，男女老少齐上阵，同仇敌忾，高亢着那位音乐骄子用千万个贫苦者啼血的怒吼谱就的《义勇军进行曲》，甘洒热血写春秋，"放胆白山驱日寇，忍悲黑水灭夷蛮"，手举大刀长矛，紧握鸟铳铁枪，砍铁蹄，毙凶残，使古老民族挺起了脊梁，昂然崛起在世界东方。

无论在烽火燃烧的年代，还是安宁祥和的相对和平时期，都涌现了许多"壮歌悬日月，英豪泣鬼神"的感人故事。古代花木兰替父去从军；近代宁死不屈的文天祥；抗战时期和日寇殊死战斗到最后勇跳悬崖的狼牙山五壮士；"一口饭，做军粮；一块布，做军装；最后一个儿子送战场。"的故事……一个个撼人魂魄、可歌可泣的壮举，汇聚成强大的中华民族力量。

爱国，既是中华民族的优良传统、红色革命文化的重要内容和社会主义核心价值观对公民的要求，也是人世间最深层、最持久的情感。同时也是"一个人立德之源、立功之本"。孙中山先生说，做人最大的事情，"就是要知道怎么样爱国"。我们常讲，"做人要有气节、要有人格。气节也好，人格也好，爱国是第一位的。"

当今世界局部冲突不断，战争威胁时刻存在，同时人类还面临着自然、疾病等侵袭，在以社会主义核心价值观为主流与多元化价值观并存的当代中国，每个中华儿女都应有"位卑未敢忘忧国"的家国情怀，把爱国作为立足于世、成为社会有用之人和人生、事业的重要追寻，坚持个人命运与国家、民族集体的命运相向而行，强化危机风险意识，提高综合素质，一旦发生外敌入侵或不测突发危急事件，即应像今年春天那些医务人员和历史上众多中华儿女那样，以"捐躯赴国难，视死忽如归"的浩然正气和英雄气概，冲向国家和民族需要的地方，不顾生死，不计利害，用满腔热血和奋战激情，保社稷安全和同胞安然，使中国繁荣富强和中华民族强盛兴旺。

/ 王真茂

良药苦于口而利于病，
忠言逆于耳而利于行

［出处］
《孔子家语·六本》

［释义］

良药虽然苦但是对疾病的康复是有利的，忠言虽然很刺耳，但是对于以后的德行操守是有好处的。

人生处处有哲学。

从古至今，这句人生箴言，一直被借鉴、引用，人们几乎从小都朗读背诵过。如此深入浅出的生活哲理，成为提意见和纳谏的一种遵循。于是，有了唐朝贞观初年，唐太宗就常常和自己谋臣魏徵讨论怎么贤明地处理政事等故事。一个人吃五谷杂粮，难免有各种疾病，事实上，有病不可怕，可怕的是，得病之人能否吃药，能否首先忍受苦味这一关。同样，有些忠言，因为提出来逆耳甚至刺耳，可能不容易让人接受。

从严格意义上讲，每个人都是通过别人的评价和态度，来定位自己在社会中的地位和角色的。所以，如果在实际工作中确有一些人忌病讳医、自以为是、刚愎自用，听不得别人的评价，或者有一天别人的评价都变得不客观了，我们可能会对真实情况失去判断的准确。由此可见，"良药""忠言"的"疗效原理"是一样的，一方面取决于"当事方"或被纳谏者，另一方面取决于"监督方"或旁观者。古代皇帝尚有自知之明，"以铜为镜"正衣冠，"以古为镜"知兴替，"以人为镜"明得失。在我们个别党员干部，特别是个别党员领导干部搞形式方面的民主，实际不讲民主讲集中，把个人名利看得太重，把个人得失看得太重，私欲膨胀严重，根本容不下人民群众的善意批评，更谈不上尖锐监督了，这也是非常危险的。更有甚者，近年来受到处理的一些领导干部只为个人私利，早将人民群众的利益抛到九霄云外，或贪赃枉法或腐化堕落或欺上瞒下，这样的领导干部的结局是有目共睹的。他们不仅不得民心，失去民心，最终还落得身败名裂，甚至遗臭万年，后代唾骂。

海纳百川，有容乃大。作为执政党，时刻保持清醒头脑，倾听来自各方面的呼声，十分必要，正像习近平总书记所说："要继续加强民主监督。对中国共产党而言，要容得下尖锐批评，做到有则改之、无则加勉；对党外人士而言，要敢于讲真话，敢于讲逆耳之言，真实反映群众心声，做到知无不言、言无不尽。希望同志们积极建净言、作批评，帮助我们查找问题、分析问题、解决问题，帮助我们克服工作中的不足。"有道是："当官不为民做主，不如回家卖红薯。"接受人民群众的批评，对照习近平总书记这句话，"容得下尖锐批评"这是接受良药和忠言的具体体现。虚心接受批评的广度和深度，决定一个单位或地区发展的高度。敢不敢开门纳谏、揭短亮丑，是党员领导干部是否脱离群众的试金石。

以人为本、设身处地，是中华民族历经千年凝聚成的民族美德。在建设有中国特色社会主义新时代征途中，党组织和党员领导干部，更需要坚持开门纳谏、勇于揭短亮丑，集思广益、直面问题，才能知耻而后勇，知不足而后进，使经济发展的过程成为转变观念、谋划思路，完善措施、鼓劲加压，砥砺前行的过程。

／刘亚明

临患不忘国，忠也

［出处］

《左传·昭公元年》

［释义］

当灾难来临时不忘记国家，是为忠诚。指出天下兴亡四夫有责，一事当前要以国家利益为重。

纵观中国五千年的历史，或内忧外患，或分分合合，或狼烟四起，或举步维艰，但无论哪个朝代哪个时期，都有无数爱国志士在国家患难之际举青春、溅热血、付生命来报国！尽管几千几百年的时光悠悠而去，但他们的背影依然在历史的长河中濯清波而耀日月。"风萧萧兮易水寒，壮士一去兮不复还"，易水边的荆轲，何曾想过归来的路？"路漫漫其修远兮，吾将上下而求索"，汨罗江畔的屈原，在国家危难时，难道他求索的不是一条救国护国的路？"渴饮雪，饥吞毡，牧羊北海边"的苏武，手持汉节十九年又何时忘记回家的路？"壮志饥餐胡虏肉，笑谈渴饮匈奴血"的岳飞，在国家遭侵犯时又何计个人生死存亡？"苟利国家生死以，岂因祸福避趋之"，林则徐在国家危难时刻挺身而出，虎门销烟在当时是多么大快人心的壮举！即便后来被贬到人迹罕至的新疆，他想的依然是清王朝的出路。二战时期，我们的国土被日本铁蹄践踏，人民处于水深火热之中。具有"空中战鹰"之称的陈瑞钿两次从美国飞回祖国，和无数爱国将士一起参加抗日。战空中的英雄豪杰拥有一颗报效祖国的赤胆忠心，又何惧生死？国家的利益高于一切！

新中国成立之初，我们的文化、农业、经济、科学、军事都亟待发展。尤其是军事上的落后，不发展强大我们就要挨打。于是，爱国科学家钱学森放弃在美国的优越条件，费尽周折历时五年终于回归祖国，将其一生都无私地奉献给了国防事业。两弹一星的卓越功勋建立在热爱祖国、忠于祖国的伟大情怀之上。这样的人就是我们的民族脊梁！

2020 年之初，新冠病毒以最凶险的态势在湖北武汉暴发。于是，一场不见硝烟的战争无声地打响。对于突如其来的瘟疫多少人避之不及，可总有那么多逆行的身影感动了我们。祖国有难，人民有难，拥有赤子之心的勇士岂可退缩？七八十岁的科学家领军上阵，无数的白衣天使披甲前行，天南海北的志愿者不分昼夜往武汉驰援。大家只有一个共同的心愿：战胜疫魔，保国泰民安。没有人计较个人得失，没有人临阵脱逃。我们看到的是医护人员穿着湿透的防护服，累倒在走廊上、桌角边，他们的亲人无论是远在千里之外还是近在咫尺都无暇看一眼、说一句话。小家在国家的利益面前，对于忠诚的勇士来说是先有国再有家，国家和人民的利益高于一切。所以我们的国家和人民永远被这样的一群人保护得很好。

五千年的民族精神积淀传承下来，其灵魂是对祖国的忠诚和人民的热爱。这样的忠诚和热爱融汇在万里长江与滚滚黄河，哺育滋养了一代又一代龙的传人。炎黄子孙的每一滴血液都沸腾着、奔涌着汇聚在一起，在高山、在平原、在海疆、在雪域高原，在每一寸华夏大地上书写着——忠诚。

/ 刘月秋

亲贤臣，远小人，此先汉所以兴隆也；亲小人，远贤臣，此后汉所以倾颓也

［出处］
〔三国〕诸葛亮《出师表》

［释义］

亲近贤臣,远离小人,这是先汉兴盛起来的原因。亲近小人,远离贤臣,这是后汉颓败的原因。

《出师表》是诸葛亮伐魏临行前写给后主刘禅的奏章。诸葛亮是蜀汉丞相，三国时期杰出的政治家、军事家，帮助刘备兴建帝业，形成与曹魏、孙武鼎足而立的局面。刘备死后又受命辅佐后主刘禅，直至病死军中，可谓"鞠躬尽瘁，死而后已"。

在《出师表》中，诸葛亮以诚挚恳切的言辞，表达了他报答先帝知遇之恩的真挚感情和苦心孤诣、惨淡经营的一派心事；劝勉刘禅要继承先帝遗志，开张圣听，严明赏罚，亲贤远佞，励精图治，以巩固、发展汉室复兴大业。其中写道："亲贤臣，远小人，此先汉所以兴隆也；亲小人，远贤臣，此后汉所以倾颓也。先帝在时，每与臣论此事，未尝不叹息痛恨于桓、灵也。侍中、尚书、长史、参军，此悉贞良死节之臣，愿陛下亲之信之，则汉室之隆，可计日而待也。"意思是说，亲近贤臣，疏远小人，这是前汉所以兴盛的原因；亲近小人，疏远贤臣，

这是后汉之所以衰败的原因。先帝在世时，每次与臣谈论这事，未尝不叹息而痛恨桓帝、灵帝时期的腐败。侍中、尚书、长史、参军，这些人都是忠贞善良、守节不逾的大臣。希望陛下亲近他们，信任他们，那么汉朝的复兴，就会指日可待了。

这篇奏章，感情色彩浓烈，语言朴实恳切，叙事条理分明，说理透彻精辟，以肺腑之言，深刻揭示了选贤任能在治国理政中的极端重要性。这一精辟论述，至今也具有很强的借鉴意义。

"用一贤人则群贤毕至，见贤思齐就蔚然成风。选什么人就是风向标，就有什么样的干部作风，乃至就有什么样的党风。"公道正派选贤任能，这是促进党的事业发展和国家长治久安的根本所在。贤必公，公生贤。任人唯贤既是公道正派的标志，也是公道正派的保证。习近平总书记在党的十九大报告中强调指出："坚持党管干部原则，坚持德才兼备、以德为先，坚持五湖四海、任人唯贤，坚持事业为上、公道正派，把好干部标准落到实处。"德才兼备、以德为先是公道正派选人必须遵循的标准，是公道正派核心理念的重要体现。要坚持公道对待干部、公平评价干部、公正使用干部。对那些坚持原则、敢抓敢管、个性鲜明、不怕得罪人的干部，那些心系群众、埋头苦干、不拉关系、不走门子的干部，那些因风气不正长期受冷落却始终坚守正道、正派做人、扎实工作、有思想有能力有作为的干部，要坚决用好用到位。要坚持五湖四海，要有爱才之心、惜才之情，拓宽选人用人视野，拓宽选贤任能渠道，千方百计发现贤才，出以公心举荐任用贤才。这是实现中华民族伟大复兴中国梦的重要保证。

/ 刘文艳

穷则变，变则通，通则久

《周易·系辞下》

［释义］

事理到了极限的时候就应当有所变动，变动之后即可于事通达，通达之后即可行与长久。

"穷则变，变则通，通则久"这句话正是我国古代朴素唯物主义思想的发源地。它概括了自然变化的一个基本特征，即万事万物发展到一定阶段，会遇到瓶颈，原先曾经有利的条件也会成为进一步发展的障碍。这时要主动调整、主动变化，在调整和变化中寻求到新的发展路径，通过不断的动态调整，以保证工作、事业能够稳定持续地发展。

这句话凝聚着华夏文明上千年的智慧结晶，从春秋战国时期的管仲改革、李悝变法到商鞅变法；从王安石变法、张居正改革到戊戌变法，每次的变法都推崇"变通"的精神，阐述变法图存的道理，影响着华夏民族的命运。

新中国的成立让华夏儿女第一次真正掌握了自己的命运，回望改革开放四十多年波澜壮阔的征程，从小岗村的勇气、珠三角经济特区的乘风破浪、再到东北老工业基地的振兴，改革开放不断突破思想和体制束缚，创造经济社会发展的中国速度，这不正是"穷则变，变则通，通则久"真正的延续吗？

习近平总书记在多个场合也引用过"穷则变，变则通，通则久"这句典故。2014年，在纪念中国人民抗日战争暨世界反法西斯战争胜利69周年座谈会上的讲话中，总书记指出，"近代中国由盛到衰的一个重要原因，就是封建统治者夜郎自大、因循守旧，畏惧变革、抱残守缺，跟不上世界发展潮流。'穷则变，变则通，通则久'。改革开放是决定当代中国命运的关键一招，也是实现中华民族伟大复兴的关键一招。"

工业是强国之基！长期以来，党和国家坚定地推行国有企业深化改革，振兴东北老工业基地成为全民关注的热点话题。网上流传一种说法：老工业基地的调整改造，全国看辽宁，辽宁看沈阳，沈阳看铁西。素有"东方鲁尔"之称的铁西区是全国闻名的老工业区，聚集了50多家大中型老国企。

这些老国企从20世纪70年代的以放权让利为特征的经营责任制，到80年代的政企分家，利改税，再到九十年代的重回承包经营责任制，合并重组。肩扛重任的老国企始终紧跟党和国家的政策方针，走深化改革的道路。

21世纪之后，辽宁老国企的深化改革更是掀起了一个崭新的高潮。2002年6月18日是注定被历史凝记的一天，这一天，沈阳市委、市政府做出了一个大胆的决定，将铁西老工业基地与一个蓄势待发的开发区合在一起，进行合署办公。一场史无前例的世纪大搬迁在辽宁上演。历时七年，近百家老国企完成"东搬西建"，焕发出新的底色。

但是，深化改革的脚步并未以凤凰涅槃的重生方式结束。习近平总书记在党的十九大报告里指出，经济体制改革必须以完善产权制度和要素市场化配置为重点，实现产权有效激励、要素自由流动、价格反应灵活、竞争公平有序、企业优胜劣汰。要完善各类国有资产管理体制,改革国有资本授权经营体制,加快国有经济布局优化、结构调整、战略性重组,促进国有资产保值增值,推动国有资本做强做优做大,有效防止国有资产流失。深化国有企业改革,发展混合所有制经济,培育具有全球竞争力的世界一流企业。

混合所有制改革成为新时代下国企改革的重要"突破口"。同年,辽宁加快国企混改步伐,3 户企业纳入国家第三批混改试点。2020 年 4 月 24 日,辽宁更是发布 69 个国企混改项目,涵盖能源资源、装备制造、冶金化工、基础设施、文化旅游等多个产业,预计引资额将达到 400 多亿元。辽宁 4300 多万兄弟姊妹在以长风破浪会有时,直挂云帆济沧海的勇气和决心坚定不移地推动、保障国有企业新一轮的改革!

"穷则变,变则通,通则久。"古人以身试法,求得日新月异;吾辈前赴后继,博来锦绣中华。我们将永远走在改革的大路上!

/ 王若涵

三军可夺帅也，匹夫不可夺志也

[出处]

《论语·子罕》

[释义]

军队的首领可以被改变，但是男子汉（有志气的人）的志向是不能被改变的。

"三军可夺帅也，匹夫不可夺志也"，这句话强调了人格的高贵，志向的尊严。

孔子说这句话，目的是告诫自己的学生，一个人应该坚定自己的信念，矢志不渝。

"三军夺帅"是一件极其艰难的事情，但比这更难的是夺人之志。孔子之所以这么说，是因为"夺帅"是可以靠外力完成的，而"夺志"非外力所能及也。孔子巧妙地运用了对比的手法，将坚定的志向对于人生的意义和作用进行了阐述，同时也在告诫人们人格的尊严要比生命更加可贵。

孔子曾在《述而篇》中所言，"我欲仁，斯仁至矣"，也就是说，心中有志向才能有所守。

一个人能否守住自己的志向，完全在于个人的意志力。南宋民族英雄文天祥就是一位有坚强意志力的人。当时，元世祖的军队大举来攻，文天祥在率部向海丰撤退的途中遭到元将张弘范的攻击，兵败被俘。元世祖花了三年的时间，用尽了各种办法，却拿文天祥毫无办法。最终，只能又爱又恨地将其杀掉。面对强权，临节不变，文天祥以"人生自古谁无死，留取丹心照汗青"的态度明志，这就是匹夫不可夺志的表现。

元代画家、诗人王冕出身贫寒，幼年替人放牛，靠自学成才。他从塞北回大都后，爱民族爱祖国的思想感情，很鲜明地流露出来，有一天，他画了一幅梅花，贴在墙壁上，并题诗说："疏花个个团如玉，羌笛吹他不下来。"表明自己不愿给外族统治者作画的态度，对权贵予以无情的讽刺，因而触痛了统治者的疮疤，他们想逮捕他。他就逃回南方。南归的途中，又遇黄河决堤，沿河州县，田园房舍淹没。而官府不管，百姓只好四散逃荒，好不凄凉。王冕见此光景，自然内心苦楚，就对他的朋友张辰说："黄河北流，天下自此将大乱，我也只好南归，以遂吾志。"这时他听到他的杭州朋友卢生死在滦阳，留有两个幼女一个男孩，无人抚养，他就到滦阳，安葬了卢生，带了二女一男回来，留养在家。这次游历，使他更清楚地看破了人情世故。他知道功名已成镜中花，水中月，就隐居于九里山的水南村，白天耕种，晚上作画，过其"淡泊以明志"的半饥半饱的生活。充分体现了"匹夫不可夺志"的精神。

"勿以善小而不为，勿以恶小而为之。"我们每个人都应该随时注重自身修养，校正自己的人生观，在利益面前，千万不能气短，要坚定自己的信念和志向，矢志不移地向着自己的目标迈进。

只有守住内心，不忘初衷，坚定自己的志向，才能不断地奋发向上，有所作为。

/ 程云海

生于忧患，死于安乐

《孟子·告子下》

〔释义〕

经常居安思危，防患于未然可以生存下去，一味地贪图安逸，盲目乐观则必定灭亡。

早在我们党建立全国政权前夕，毛泽东就在党的七届二中全会上警示全党："夺取全国胜利，这只是万里长征走出了第一步。""务必使同志们继续地保持谦虚、谨慎、不骄、不躁的作风，务必使同志们继续地保持艰苦奋斗的作风。"毛泽东提出的这著名的"两个务必"，以及他后来的一系列关于告诫全党始终保持清醒头脑，使党和国家永不变色的治国理论，有很大一部分思想源自于"生于忧患，死于安乐"以及诸子百家"安不忘危，存不忘亡，治不忘乱""生于虑，成于务，失于傲"等一系列古训。

中华人民共和国成立 70 多年来，全党全军和全国人民的忧患意识始终没有松懈，国家和民族经历了许多磨难，可谓命运多舛，由于这种忧患意识的存在，党和人民才有备无患，未雨绸缪，以极大的凝聚力、承受力和意志力渡过了一个又一个激流险滩，克服了重重的艰难险阻，多难兴邦，中华民族非但没有垮掉，反而从站起来到富起来再到强起来，成为任何势力都不可小觑的强大国体，有担当、有作为地自立于世界民族之林。

2020 年突如其来的新冠病毒在全球爆发，我国举全国之力一举控制住疫情，进而战胜疫情，再一次印证了孟子等先贤凝聚着东方智慧的这些至理名言，已经成为华夏后裔们强大的思想根基。疫情在湖北武汉初起，党中央就依据疫情发展和专家建议，果断封城，采取了亘古未有的强力防疫抗疫举措。一时间，全中国 14 亿人几乎全部戴上了口罩，举国上下，大街小巷，一片沉寂。工厂、工地停工；餐饮业、农贸市场、娱乐场所……凡可能引起人群聚集的地方一律叫停；民航、铁路甚至城市公共交通也基本停运，热闹活跃的大中国一下子停滞、静寂下来。国务院领导坐镇武汉，深入社区指导疫情中心抗疫工作。那时，全国人民既不安也不乐，没有一个人不为国家、民族、家庭乃至自身的安危担忧。举国上下以临战姿态，全民投入抗疫。数万医护人员抛家舍业，驰鄂抗疫，在抗疫第一线——武汉和湖北城乡，与 5900 万湖北人民并肩战斗。

与之相反的是，欧美等西方国家压根没把新冠疫情当回事，大疫当前，一些国家照样歌舞升平，优哉游哉。结果造成了新冠病毒在他们那里大流行大爆发。

疫情尚未过去，环球危机四伏，家国喜忧参半。中华民族伟大复兴的宏伟使命任重而道远。位卑未敢忘忧国。到任何时候，炎黄子孙都将在《义勇军进行曲》"中华民族到了最危险的时候"的呼号中，披荆斩棘，砥砺前行，"前进，前进，前进、进！"

/ 肖世庆

世不患无法，而患无必行之法

[出处]

〔东汉〕桓宽《盐铁论·申韩》

[释义]

国家不担心没有法令，而是担心法令不能得到坚决执行。

桓宽是汉代著名文学家，《盐铁论》是其代表作。大家知道，汉武帝雄才大略，但他在位时战事频繁。为了支付庞大的战争开销，朝廷制定和推行了盐铁官营、酒类专卖、平准、均输等一系列财政政策。这些政策，有效增加了国家财政收入，对当时政治、军事措施的实施起到了积极推动作用，也有力促进了汉朝经济发展和政权巩固。

但是，这些政策也遭到了一些地主和富商巨贾的强烈反对。为此，在汉昭帝继位后，召集由地方官推荐的"文学"和"贤良"六十余人，与朝廷制定和执行政策的御史大夫桑弘羊、丞相田千秋等人共同参加会议，双方就此展开了反复辩论，内容涉及政治、经济、军事、文化等诸多方面。桓宽就是利用这次会议上的辩论记录，推衍双方的议论，增广其中的条目，用对话的形式，形成了政论性散文集——《盐铁论》。本书语言简洁明快，切中要害，行文气势磅礴，名言警句颇多。而"世不患无法，而患无必行之法"就是其中名句。

习近平总书记在中央纪委十九届四次会议讲话时特别引用了"世不患无法，而患无可行之法"这句名言，这不仅是我国历代治国理政中令出必行思想的重要体现，对于当代我们的立法、用法、执法具有重要现实指导意义。

法律是治国之重器，法治是治国理政的基本方式，是国家治理体系和治理能力的重要依托和重要体现。就法律的制定和执行来看，首要一条是有法可依，凡事没有规矩不成方圆。法治社会更要求法律的前瞻性、科学性和可行性，这样才能为以后法律的贯彻执行创造条件。党的十八大以来，依法治国和从严治党提高到了前所未有的新高度。党内先后制定修订了190部党内法规，有规可依问题基本得到有效解决。

做到法出必行，有时比制定法令更为重要。因为没有法可以制定法，而有了法不去执行可能危害更大。这就要求我们切实维护法律的权威性和严肃性，坚决地、不折不扣地贯彻执行、将法律法规要求落到实处。古人讲："法令行则国治，法令弛则国乱。"习近平总书记特别重视法律法规的贯彻执行。在落实中央八项规定时，他强调"首先要把这一步继续抓好，起到'徙木立信'的作用。这件事情要牢牢抓住，善作善成，才能做其他的事情。"正是对中央八项规定的驰而不息、一以贯之的坚决执行，才有效解决多年来公款吃喝等诸多为社会诟病的老大难问题，得到公众的认可和好评。

"徙木立信"，更是方为大家所知的秦朝商鞅为令出必胜行而采取的取信于民的措施。实践证明，正是靠这些强有力配套执行措施，确保了商鞅变法的得以实施。对此，北宋改革家、文学家王安石曾有诗赞道："自古驱民在信诚，一言为重百金轻。今人未可非商鞅，商鞅能令政必行。"

相反，即使政令再好，如果得不到有效实施，最终只是一纸空文。客观地讲，当下我们的制度法规已经不少了，但主要问题也正是有规不依、执行不力。一些地方、部门或个人在制度执行上搞变通、打折扣，甚至是把一些制度法规当成了"橡皮筋""稻草人"，从而导致"破窗效应"。大家可能还没有忘记，今年新冠疫情期间，各地防控制度措施不可谓不严，各地防控网织得不可谓不密。但一个"黄女士"，却能从武汉到北京，千里闯关通行无阻，这固然有诸多原因，但制度措施落实是否落地到位也是一个不可忽视的因素吧。

同时，还应该建立起违法必究的配套制度，让有法不依、有制度不执行、有规定不落实的行为受到应有惩处，决不姑息、决不留"暗门""后门"、开"旁门""天窗"，让某些人有隙可乘、有空可钻。可以期待，一个有法可依、法出必行、违法必究，真正的制度化、法治化社会必将呈现在我们面前。

/ 孙伦熙

武王问于太公曰："治国之道若何？"太公对曰："治国之道，爱民而已。"

［出处］

〔西汉〕刘向《说苑·政理》

［释义］

周武王问姜太公："怎样才能治理好一个国家呢？"姜太公回答："治理国家的根本，不过爱民罢了。"

周武王问得庄重，姜太公答得到位，但"而已"两字，却未免轻巧，做到了实属不易。从古至今，几乎所有统治者都会把"爱民"挂在嘴上、贴在墙上、写在诏中，但真正践行者却屈指可数。

共产党人却不同。党，为救民于水火而建；政，为民之幸福而执。在近百年的历程中，中国共产党不断思考和处理与人民的关系问题，一个"民"字始终放在心中最高位置。

——为人民服务。这是中国共产党和新中国缔造者毛泽东为一名普通士兵所致悼词的篇名，最终成了党的宗旨。党的领袖始终和人民在一起。当年，陕北一个农民因征粮问题骂了毛泽东。当得知保卫部门要把这件事当作反革命事件来追查处理时，毛泽东立即阻止。他说："我们共产党人无论如何不要造成同群众对立的局面。"毛泽东在延安时还说过："党群关系好比鱼水关系，共产党是鱼，老百姓是水；水里可以没有鱼，鱼可是永远离不开水啊！"

——群众路线。一切为了群众，一切依靠群众，从群众中来，到群众中去。这是共产党人的根本工作路线，也是生命线。什么意思，工作依靠群众，存亡系于人民。

——执政为民。邓小平常说"我是人民的儿子"，这与"爱民如子"有着本质的区别。谁高谁低，谁大谁小，把自己放在什么位置，由此可见分明。从追求人民利益出发，向实现人民利益走去，这就是共产党人走路的样子。

——以人为本。发展为了人民，发展依靠人民，发展成果与人民共享。党除了人民利益之外，没有自己的特殊利益。一场脱贫攻坚战，使 7000 多万人实现"两不愁三保障"。据世界银行统计，中国减贫对世界减贫贡献率超过 70%。

——以人民为中心。这是习近平新时代中国特色社会主义思想的重要内容。一个"中心"确立了人民的地位。这个"中心"也决定了党"围绕谁"的问题。

——人民至上。新冠疫情给我国经济社会发展带来冲击，也给人民生活带来影响。党中央旗帜鲜明地提出人民至上、生命至上理念，并将其化作实实在在的行动。

什么叫人民至上？习近平总书记那句著名的"我将无我，不负人民"，就是最好的诠释。

在这次新冠疫情中，党和国家始终坚持人民至上、生命至上，全力拯救每一位患者，只要有一线希望，就付出百分之百努力。从出生婴儿到百岁老人，无差别、不计代价抢救每一条生命。湖北一位 87 岁老人，由一个治疗专班治疗长达 47 天，最终痊愈。据统计，仅湖北就有 3600 多名 80 岁以上的新冠肺炎患者被治愈，这其中包括 7 名百岁以上老人……

今年 1 月 31 日，我写了一首诗叫作《宅在家里》，其中一段是这样的："这一切瘟疫 / 带给我们的 / 不只是灾难 / 那些由于习以为常 / 而被我们忽略的幸福 / 也在此时 / 被我们深深感知 / 党和政府 / 无时无刻不为我们阻挡着恐惧 / 负重前行者 / 危难之中 / 依然能为我们 / 擎举出静好的日子。"是的，有了奉行人民至上、生命至上理念的党中央，我们不再恐惧，而那些负重前行的援鄂医疗队员中七成左右是党员，"火线入党"者也是不胜枚举。

党的宗旨、党中央的治国理政理念，体现在一个又一个共产党员身上。

今年"七一"前夕，我代表市政协党组走访了一位名叫何建英的 85 岁党员，交谈中得知，她把缝制鞋垫赚来的 1000 元钱，捐给了湖北武汉。我和同行的各位党员干部，从老人那里买了几十副鞋垫。我想，有这样的鞋垫垫底，就不会把道路走偏。

/ 韩辉升

修其本而末自应

［出处］
〔宋〕苏轼《上清储祥宫碑》

［释义］

完善事物的根源、本质，事物不重要的部分、细枝末节的地方自然也会得到发展，得到升华。

"修其本而末自应"意指整治它的根茎后，枝梢会自己控制。只因根茎是根本，而只有控制了根本，才能控制由根本延伸出去的枝杈。强调本，并不是说"末"不重要，而是"末"的完善必须依靠"本"的扎实。本与末，两者都很重要，不可偏废，但是本却是基础、是本质，是"末"赖以生存的根源，"本"的扎实，才能为"末"提供源源不断的生机活力。

圣人内修其本，而不外饰其末，苏轼这段话除了点明做人如此，修身必先修心之外；亦是深刻地表明治国也如此，掌握根本才能控制大局，方可治大国如烹小鲜。

2020年年初，新冠肺炎疫情突如其来，让我们措手不及的同时，也给国家出了难题。这是对我国治理体系和能力的一次大考，此时，"人民至上、生命至上，保护人民生命安全和身体健康可以不惜一切代价"。

这是中国对于抗击疫情所给出的核心逻辑，也是我们能够在短时间内控制住疫情的最根本所在。这是不可动摇的树之根，地之基，水之源，火之种。

正是抓住这一根本，细分出来的枝梢便会落实相应，从而才有了基层一线的网格化管理；才有了"粤省事""浙里办"等电子政务系统，发挥了信息快速传递的重要作用；才有了各类公益组织、社会组织，积极配合政府部门工作，有力推动了疫情防控工作。因此坚决遏制了疫情蔓延的势头，使人民有了充足信心，发扬"钉钉子"精神，一锤接着一锤敲，越是艰险越向前，越是有坚定决心，从而打赢这场抗疫战。

当遵循"修其本而末自应"后，历尽天华成此景，人间万事出艰辛；志不求易者成，事不避难者进。此时的城乡生活的调色盘重回缤纷、醉人烟火味同喧闹市井声交织，便是中国有效控制疫情的生动注脚，是我国以"修其本而末自应"所谱写出的最美的赞歌。

/ 陈艾昕

治身莫先于孝，治国莫先于公

［出处］

〔宋〕苏轼《司马温公行状》

［释义］

修身最重要的是孝顺，治国最重要的是公平。

中国自古就注重三纲五德，以孝为百善之首，像儒家的《孝经》就对孝的定义做了详尽的描述，提倡身体发肤受之父母，不能轻易损伤，这也是古人留长发蓄长须的原因。

具体来说，孝又可细分为孝顺和孝敬。孝顺是指对父母的意见要听从，不做违背父母意愿的事；孝敬则是指要赡养父母。孝作为一种良好的品德，是做人立世的根基所在。古往今来，有关孝的感人故事比比皆是，像著名的"子路负米"和"黄香温席"，都是很典型的实例。伟大领袖毛泽东在这方面更是我们的表率，他接到母亲病危的家书后，星夜上路，昼夜兼程，到家后抚摸着母亲的棺木放声恸哭，悲痛之中挥笔写下《祭母文》："吾母高风，首推博爱。"在场者无不动容，其情真意切，感人至深。

伟人如此，普通人中也不乏值得我们学习的楷模。例如河南省襄城县的张尚昀，2000年考入长春税务学院，入学仅仅几个月，其母亲出车祸瘫痪，家中还有一位年近九旬的姥姥。张尚昀在得到学校的特批后，打工挣钱为母亲治病，挑起一家三口的生活重担。姥姥去世后他又把母亲带到长春，一边背着母亲打工挣钱一边坚持读书。2009 年上映的电影《当代孝子》里面的主人公章少辉，其人物原型就是张尚昀。

如果说做人首先以孝立身，那么治国就必须以公平为第一准则。早在春秋时期，管仲就说过："凡法事者，操持不可以不正。"

正所谓"天下之事，不难于立法，而难于法之必行"。从执纪不严、违纪不究到执纪必严、违纪必究，表面上是"不"和"必"的差别，实际上却泾渭分明，不容妥协。

无论尊崇孝道还是公平公正的治国之道，都是中国的传统文化。作为中华儿女，我们每个人都应该把传承发扬传统文化作为己任，而传承的最好方法就是从我做起，把这些好传统最终融入我们立身做人的品格当中，成为一种发乎于自然的天性，然后一代一代传承下去。

/ 辛酉

修身 · 齐家 · 治国 · 平天下

平天下篇

安得广厦千万间，大庇天下寒士俱欢颜

［出处］

〔唐〕杜甫《茅屋为秋风所破歌》

［释义］

如何能得到千万间宽敞高大的房子，普遍地庇护天下贫寒的读书人，让他们开颜欢笑。

少年时代的杜甫，曾经奔赴洛阳参加科举考试，但遗憾地落榜了。35 岁以后，他又在长安参加应试，可惜还是名落孙山。于是，杜甫又凭文才在京城四处推荐自己，想借高官权贵之手谋个官。然而，杜甫的生活却一直处于困顿状态。这样，在京城，杜甫一直待到十年后，才被授予了一个看守武库的微末小官，而此时的杜甫，已经 40 多岁了。

唐天宝十四年（755 年），安史之乱爆发，唐玄宗皇帝跑了，唐肃宗李亨继位。杜甫投奔新君，当上了左拾遗。然而，好景不长，杜甫又被宰相房琯排挤，被打发到军队当了一名武职小官。到了唐乾元二年（759 年），杜甫辞官入川。在成都，他结识了剑南节度使严武，严武推荐他担任了工部员外郎。可是没多久，杜甫又辞职了，继续四处漂泊。

这样，又过了两年，唐肃宗上元二年（761 年）的春天，50 岁的杜甫依然生活艰辛，他求亲告友，在成都浣花溪边，盖起了一座茅屋，这样，总算有了一个栖身之所。不料，到了八月，大风呼啸，刮破了茅屋。屋漏又偏逢连夜雨。面对着在风雨飘摇中的茅屋，再联想到安史之乱以来的多方磨难，杜甫长夜难眠，感慨万千，于是，便写下了一篇脍炙人口的诗篇——《茅屋为秋风所破歌》。

《茅屋为秋风所破歌》是一首歌行体古诗，全文如下：

八月秋高风怒号，卷我屋上三重茅。

茅飞渡江洒江郊，高者挂罥长林梢，下者飘转沉塘坳。

南村群童欺我老无力，忍能对面为盗贼。

公然抱茅入竹去，唇焦口燥呼不得，归来倚杖自叹息。

俄顷风定云墨色，秋天漠漠向昏黑。

布衾多年冷似铁，娇儿恶卧踏里裂。

床头屋漏无干处，雨脚如麻未断绝。

自经丧乱少睡眠，长夜沾湿何由彻！

安得广厦千万间，大庇天下寒士俱欢颜！

风雨不动安如山。

呜呼！

何时眼前突兀见此屋，吾庐独破受冻死亦足！

在此诗中，一个衣衫单薄、破旧的干瘦老人，拄着拐杖，立在屋外，眼巴巴地望着怒吼的秋风，把他屋上的茅草一层又一层地卷了起来的景象跃然纸上……由个人的艰苦处境，联想到其他人的类似处境，杜甫发出了"安得广厦千万间，大庇天下寒士俱欢颜"的呼喊："怎么样才能够得到千万间宽敞高大的房子，让天下贫寒的读书人都能够住进去，使得他们的脸上露出欢笑。"

这是一种饱览民生疾苦、体察人间冷暖的济世情怀，他要解除的是广大"寒士"的痛苦，而不是他自己一个人的。可以说，杜甫的这首诗，写的是自己的数间茅屋，但表现的却是忧国忧民的崇高思想境界以及博大宽广的胸襟。因此，使得全诗也堪称典范之作，而"安得广厦千万间，大庇天下寒士俱欢颜"也成为流传于后世的金句。

/ 刘素平

不受虚言，不听浮术

［出处］

〔东汉〕荀悦《申鉴·俗嫌》

［释义］

不接受虚妄之词，不信从虚浮方法。

　　"不受虚言，不听浮术，不采华名，不兴伪事"出自《申鉴·俗谦》。《申鉴》是东汉末年思想家荀悦的政治哲学论著，意思是重申历史的教训。这句话的意思很明了：就是不接受虚妄之词，不信从虚浮方法，不慕浮华之名，不做伪作之事。

　　习近平总书记曾引用这句话告诫领导干部空谈误国，实干兴邦。其实不光领导要做到"不受虚言，不听浮术"，各行各业都应该脚踏实地从事本职工作，不要一味追求华名盛誉，尤其是关系到国计民生的岗位。学术界更应如此，然而有些学者忘记学术的初衷是什么，只顾追逐发表论文的数量与所发表的杂志，究其根本，追求盛名而已。王阳明曾说："为学大病在好名"，即做学问最大的弊端就是追求名声。图美名而不修其身，终究是华而不实，甚至会误国误民。

　　备受世人尊崇的钟南山院士，尽管他发表 SCI 论文在学术界没有遥遥领先，但是民众敬重他，把他视为英雄，因为他把百姓利益放在第一位，他敢做敢言更敢医，在危难时刻，他能置个人安危不顾，勇敢冲在最前沿。他用自己的行动践行了"不采华名，不兴伪事，言必有用"。2003年"非典"肆虐，他说："把重症病人都送到我这里来。"在新冠横行之时，有记者问他是否有压力，是否担心失败，晚节不保，钟南山毫不犹豫地说，"我不在乎声誉是否受到影响，最大的压力是能不能治好病患，至于晚节不保，从没考虑过这个问题。"84岁的他全身心投入这场战疫之中，根本没有时间考虑个人得失。

这正如王阳明所言，"务实之心重一分，则务名之心轻一分；全是务实之心，即全无务名之心。若务实之心如饥之求实，渴之求饮，安得更有功夫好名。"意思就是全心全意务实做实事人是没有功夫理会功名的。这也是对"不采华名，不兴伪事"最好的诠释。

其实我国有很多科学家务实求实，无暇顾及个人名利，根本没有时间计较论文的数量。他们默默无闻不慕虚名，无怨无悔为祖国事业贡献终生。习近平总书记曾在两院院士大会上真挚赞扬中国科学家："干惊天动地事，做隐姓埋名人。""中国核潜艇之父"——黄旭华人间蒸发三十年，父兄去世未能奔丧。他被推选"感动中国2013年度人物"，其中的一个原因正如胡占凡所言："抛家舍业，隐姓埋名，为国家做出了巨大贡献，却看淡名利。"

"上士忘名，中士立名，下士窃名。"在古代，上士就忘却名利，不务虚名才是品德高尚的人。这些不慕华名，只做利国利民实事的人物才是最值得我们敬重推崇的。中士立名，虽修身慎行，实则唯恐名誉被淹没；下士窃名就是谋求富华虚名，甚至欺世盗名的末等人。

我们都是普通人，没有机会做惊天动地的大事，但我们要切记修身慎行，不要被名利淹没。事业无论宏伟渺小，无论做人，还是做事，我们都应谨记不采华名，不兴伪事，不为虚名所累，不做盛名难副之事。

/ 杨晔

达人无不可，忘己爱苍生

［出处］

〔唐〕王维《赠房卢氏琯》

［释义］

达观的人在现实生活面前，没有什么想不通的，而且这样的人，能够舍身忘己去爱黎民百姓。

王维写这首诗，赠送虢州卢氏令房琯，虽然整首诗说了好多自然之美，但王维中心目的，是想告诉他，做达观之人，忘却自己，身处顺境出仕为官时，要惠爱百姓，尽力做有益人民的事；处于逆境，也能不堕其志，时时不忘苍生。

鲁迅曾经说过，我们自古以来就有埋头苦干的人，有拼命硬干的人，有为民请命的人，有舍身求法的人，他们是中国的脊梁。王维以诗歌的方式，传递人格的高标，就是忘己爱苍生；鲁迅是以现实的感悟，表达我们中华民族的精神力量。历史的过往，为民族，为百姓，舍身而爱苍生的人，举不胜举。就说历史上魏晋时代，只做十天县令的阮籍，司马昭做了皇帝，他知道阮籍是个天才，很有才能，一心想叫他为王朝谋划出力。有一天，阮籍就对司马昭说：东平那地方好，我喜欢那里的风土人情。司马昭一听，便立即下旨，让阮籍去东平做官。在这以前，东平是出了名的乱摊子，阮籍也心知肚明，下旨叫他去这个地方，他就想好好治理治理。他不要车，也不坐轿，只骑一头小毛驴。到了东平。官衙一改全貌，那种县令堂上威武正坐，台下百姓趴地的情形，他给全部废除了。县衙的高墙推倒，奴仆去种田。他站在县衙大院，百姓告状，他边走边听，边听边断。不到十天光景，阮籍就把东平换了个新。官衙畅达，百废待兴，政通人和。不吃百姓饭，不收百姓钱，不去拍马屁，不做贪心官。李白曾经写过一首诗：阮籍为太守，乘驴上东平。判竹十余日，一朝化风清。这是对阮籍的真实写照，对他的评价与赞美。

一个时代有一个时代的榜样，我们的民族，历史的辉煌，人民的幸福，都是一代一代忘己爱苍生的人们，付出、贡献、奋斗、牺牲换来的。如今，我们的祖国走在伟大复兴的路上，正在脱贫攻坚奔小康。祖国大地涌现出无数不舍昼夜，艰苦奋战的好干部、好党员、好个人。他们先天下之忧而忧，后天下之乐而乐；他们安得广厦千万间，大庇天下寒士俱欢颜；他们相信吃百姓之饭，穿百姓之衣，莫道百姓可欺，自己也是百姓；得一官不荣，失一官不辱，勿说一官无用，地方全靠一官。他们不要鲜花拥戴，不要名震九州。做历史的标点，打造人民幸福的句子，铸就民族伟大的丰碑！

忘己爱苍生，就是利益面前忘掉我，困难来时贡献我，危急关头牺牲我。这三种人生境界，就是忘己爱苍生的美好诠释。它是我们人格头顶上的太阳，它是我们中华民族的传统美德。

/ 张日新

得道者多助，失道者寡助

［出处］

《孟子·公孙丑下》

［释义］

只有站在正义、仁义的方面，才会得到多数人的支持和帮助；相反，如果违背了道义、仁义，必然会陷于孤立无援的地步。

作为战国时期伟大的思想家，孟子在两千多年前就反对残酷、血腥的掠夺兼并战争，主张以"仁政""王道"治理国家，从而获得民心，统一天下。

时光荏苒，两千多年后，当人类进入 21 世纪，人类文明发生了翻天覆地的变化。但是，"得道者多助，失道者寡助"这一真理，仍然散发着耀眼的光芒。

当今世界，以和平、发展为主题的文明潮流，正浩浩荡荡地奔腾向前。人类历史上简单的经济战争与世界战争，早已被历史本源与文明模式的竞争所取代。无论哪个国家，哪个民族，只要在人类文明发展的模式上占领上风，必将主导人类未来文明的发展方向。创造出一种更高级的、让全世界所有人都满意的人类社会文明模式，是新的历史时代，新的历史纪元赋予人类的神圣使命！

那些坚持单边主义，不考虑大多数国家和民众愿望，单独或带头退出或挑战已制定或商议好的维护国际性、地区性、集体性和平、发展、进步的规则和制度，并对全局或区域的和平、发展、进步进行破坏性影响的自私自利行为，必将得到全世界各民族的唾弃和疏离。

只有社会文明模式更先进，更高级，能让所有人接受、满意的国家，才会成为 21 世纪人类社会文明的引领者，受到全世界各民族的追随和爱戴。

2013 年，由中国国家主席习近平提出的"一带一路"合作倡议，依靠中国与有关国家既有的双多边机制，借助既有的、行之有效的区域合作平台，借用古丝绸之路的历史符号，秉承共商、共享、共建原则，高举和平发展的旗帜，积极发展与沿线国家的经济合作伙伴关系，共同打造政治互信、经济融合、文化包容的利益共同体、命运共同体和责任共同体。2019 年 4 月 25 日，"一带一路"能源合作伙伴关系在北京成立。来自 30 个伙伴关系成员国及 5 个观察员国的能源部长、驻华大使、能源主管部门高级别代表出席了仪式。

新冠肺炎疫情爆发以来，中国在进行有效防控的同时，把自己的防控经验、治疗经验毫无保留地分享给全世界，令其他国家快速有效地进行防控和救治，并向多个国家派出医疗队、援助抗疫物资，为各国人民抗击疫情做出了贡献。中国人民所彰显的大国风度，获得了世界上众多国家的支持和赞誉。

2020 年 6 月 18 日，主题为"加强'一带一路'国际合作、携手抗击新冠肺炎疫情"的"一带一路"国际合作高级别视频会议在北京举行。中国国家主席习近平向会议发表书面致辞，25 个国家的外长或部长级官员及世卫组织总干事谭德塞、联合国副秘书长兼联合国开发计划署署长施泰纳与会，会议发表了联合声明。

"一带一路"，彰显了人类社会共同理想和美好追求。

由此可见，只有遵循仁义仁德，胸怀苍生，才能得到天下人的认可和拥戴。在国际形势风云诡谲的当下，中华人民共和国在国家主席习近平的带领下，用行动，再一次验证了"得道者多助，失道者寡助"。

/ 梁玉梅

得一官不荣，失一官不辱，
勿说一官无用，地方全靠一官

[出处]

清康熙年间知县高以永在内乡任职期间所撰写的对联

[释义]

得到一个官位没有什么可以荣耀的，失去一个官位也并不意味着耻辱，但不要说官员无用，地方发展全靠官员。

我是在 2016 年的夏天造访这座国内保存最完好的县级官署衙门的，着实领略了"一座内乡衙，半部官文化"的艺术魅力。这副挂在三堂的楹联是清康熙年间内乡县知县高以永任职期间撰写的，意在时时自勉自省自警。此联比较准确地表述了官与民的辩证关系，蕴含着很深的为官做人哲理。其下联的核心是要正确对待当官，淡化"官本位"，既不要把官位看得太重，又要有责任意识，必须为官一任、造福一方；上联的核心是要正确对待老百姓，尊崇"民为贵"，百姓才是头上天，必须珍惜民力、爱民如子。2013 年 11 月 26 日，习近平总书记在山东省菏泽市调研时，曾专门给当地的市、县委书记们念了这副对联，由此可见总书记的良苦用心，同时也赋予了这副对联更深的寓意。

封建时代的官吏尚有这样的觉悟，今天共产党人的境界理应更高。改革开放的总设计师邓小平曾经历过"三起三落"，他在党的十一届三中全会上的讲话中坦陈："出来工作，可以有两种态度，一个是做官，一个是做点工作。我想，谁叫你当共产党人呢。既然当了，就不能做官，不能有私心杂念，不能够有别的选择，应该老老实实地履行党员的责任，听从党的安排。"无独有偶，共和国开国少将、江西籍老红军甘祖昌将军从井冈山起步，跟随红军参加过长征、抗日战争、解放战争，革命足迹遍布大半个中国。新中国成立后，甘祖昌深感自己身体不好、贡献太小而获得的荣誉和地位太高，坚持回乡当农民，用自己从农民到将军、又从将军到农民的传奇一生，把一名共产党员的为民情怀诠释到了极致。

在内乡县衙里还有一副对联"与百姓有缘，才来此地；期寸心无愧，不鄙斯民"，也给我留下了深刻的印象，我曾用来转赠一位履新的官员朋友。其实，作为一个党员干部，无论官职大小，无论地位高低，无论进退去留，都应该时刻保持一颗淡泊名利之心，不忘初心与使命，以对党和人民事业高度负责的态度，把自己看成是最普通的人，把人民的利益看得比天还要高，始终保持昂扬进取的状态、务实清廉的本色，在真抓实干、埋头苦干中展现一名共产党员的最美姿态。

/ 叶星

德不孤，必有邻

［出处］

《论语·里仁》

［释义］

品德高尚的人是不会孤单的，一定会有志同道合的人来和他相伴。

德不孤，必有邻。这句话是我 84 岁母亲的座右铭。

母亲读了六年书。有文化的母亲为人豁达、善良，无论是在工作还是家庭生活中，都能尽职尽责。她经常说的一句话就是，德不孤，必有邻。

过去我对这句话并没有在意，甚至为母亲"絮叨"感到厌烦。随着年龄的增长和阅历的增多。现在对这句"德不孤，必有邻"有了深刻的感受。

小的时候，邻居家生气打架了，总是来找母亲劝解评理。母亲放下家里的活计，为鸡毛蒜皮的事跑来跑去，总是这样劝："谁都会有毛病的，遇'不是'要多想他的好处，人心都是肉长的，你敬他一尺，他会敬你一丈的，人活在世，德不孤必有邻呀。"母亲总在合适的时候"和稀泥"，几句入情入理的话通常会化干戈为玉帛，亲人之间的矛盾也就烟消云散了。

我公公因病去世了，大家考虑母亲年纪大了，就没有把这件事告诉她。后来姐姐和母亲唠嗑时说漏了嘴，母亲听了替我婆婆感到难过。公公烧"五七"祭日时，母亲冒着严寒，来看望婆婆，并且陪着她住了几晚。走时，母亲把我叫到一边，对我说："你婆婆这时候最需要关心，她没有姑娘，你要多陪陪她，多关心她。她喜欢穿得漂亮一些，你就多给她买点衣服。"于是，我对失去伴侣的婆婆更好了。丈夫感激我对婆婆的疼爱，对我也多一份敬重，我们的小家庭更加和睦幸福。我每次回到娘家，讲到婆婆待我像姑娘一样，母亲笑了笑说："姑娘，德不孤必有邻，这老话有道理呀！"

把母亲接到城里生活后，她的活动范围小了，我们以为她不再"管闲事"了。可她身边还是围绕着一群老朋友。母亲学会使用微信后，她把老朋友们召集起来，建了一个微信群，每天大家一起谈天说地。发现独居的阿姨几天没有在群里说话，母亲第一时间打去电话询问；有老姐妹为婆媳关系紧张而烦恼，母亲总是劝她要多想儿媳的好处，不要干涉儿女的生活；有老朋友不会视频，母亲登门去手把手地教，当老朋友和千里之外的亲人在视频里相见后，她拉着妈妈一个劲地感谢。

母亲的这一句座右铭正是中华民族传统文化积淀和延续。无论时代怎样变迁，为人处世的观念怎样更新，我在母亲身上学到了这一句至理名言，相信也会在我的生命里永远承袭下去。

/ 李伟杰

富贵不能淫，贫贱不能移，威武不能屈

［出处］

《孟子·滕文公下》

［释义］

在富贵时能使自己节制而不挥霍；在贫贱时不要改变自己的意志；在强权下不能改变自己的态度。

这是孟子在和一个叫景春的信徒谈论"何谓大丈夫"的问题中，提到了这三句话。孟子认为真正的大丈夫，应该不以权势论高低，却能在内心中稳住"道义之锚"，从而在面对富贵、贫贱、威武等不同人生境遇时，才能坚持"仁、义、礼"的原则。所以，人不能放弃的原则是什么？是人的理想和道德，这也是很多年来，人们在精神上的一种寄托。

在南宋末年，文天祥带兵抵抗元军被俘后，元军把他囚在地牢里，文天祥受尽了非人的折磨，元朝统治者曾经屡次三番派人劝他投降，许诺让他做大官。但是，文天祥坚决不答应投降，结果，在公元1282年文天祥被杀害了。而他写的"人生自古谁无死，留取丹心照汗青"，却在后世得以流传。这两句诗的意思是说人总是要死的，就看怎样死法，是屈辱而死呢，还是为民族利益而死？文天祥最终选择了为民族利益而死，他的那颗赤胆忠心被永远记录在史册里。

公元405年，陶渊明到彭泽县当县令。因为他一贯蔑视功名富贵，不肯趋炎附势，所以当凶狠贪婪的督邮刘云来浔阳郡检查公务时，陶渊明把官印封好，并且写了一封辞职信，让县吏转交给督邮刘云，便离开了只当了80多天县令的彭泽。

汉武帝天汉元年，苏武出使匈奴，并厚馈单于财物。后来匈奴发生内乱，累及苏武，苏武不愿受辱而自杀，自杀不成。单于派人劝降苏武，后来将他流放到边远又渺无人烟的北海放牧羝羊。苏武被羁留匈奴十九年，他身在匈奴却持节不屈，被后世人称道为坚持民族气节的典范。

以上这三个典型事例，就是"富贵不能淫，贫贱不能移，威武不能屈"的具体体现，它闪耀着孟子思想和人格力量的光辉，历史上，有不少仁人志士，不畏强暴，坚持正义。直到今天，习近平总书记在中央党校建校八十周年庆祝大会上的讲话，还引用了《孟子·滕文公下》中的"富贵不能淫，贫贱不能移，威武不能屈"。习近平总书记还指出了在新的历史时期，领导干部面临的任务多，诱惑也多，如何能做到顺境不骄，逆境不怨，领导干部要问问自己心中的"道义之锚"在哪里？不难看出，"道义之锚"其实就是"富贵不能淫，贫贱不能移，威武不能屈"，它适用于中华民族每一个公民。

/ 王洪霞

功崇惟志，业广惟勤

[出处]

《尚书·周官》

[释义]

取得伟大的功业，是由于有伟大的志向；完成伟大的功业，在于辛勤不懈地工作。

这句话出自《尚书·周书》的《周官》篇，是周公平定了殷商残部以及淮夷的叛乱，回到都城丰邑，代表周成王向群臣宣布的关于本朝职官制度的诰令。

《周官》对各级官员如何履行职责进行了训诫，立下了一些直到今天仍值得借鉴的政治原则和规矩。其中非常重要的一条就是"功崇惟志，业广惟勤"，意思是功高由于有志，业大在于勤劳。以此勉励群臣，要树立远大志向以及勤勉为政的态度，如此才能恪尽职守、不辱使命。

周公自己便是这句话的最好写照。周公是周文王姬昌的第四子、周武王姬发的同母弟。因采邑在周，故称周公或周公旦。他是西周初期杰出的政治家、军事家、思想家、教育家，被尊为"元圣"和儒学先驱。为了周朝的强盛，他夙兴夜寐、鞠躬尽瘁，甚至"一饭三吐哺"。

正因为如此，才有了"一年救乱，二年克殷，三年践奄，四年建侯卫，五年营成周，六年制礼乐，七年致政成王"的丰功伟绩。

周公所讲，是从政的道理，但细细想来，这八个字对于个人的成长、事业的发展都有着至关重要的作用。

对于个人来讲，想要建立一番功业，既要有高远的志向，同时也要付出辛勤的努力，"志"与"勤"二者，缺一不可。立志是前提，勤勉为保障，无志不足以行远，无勤则难以成事。立志方能鞭策自身，明确奋斗目标，也就产生了前进的动力。一个人追求的目标越高，就越容易激发追求上进的毅力和奋发图强的热情，因而取得成就的可能性就越大。立志还须笃志，坚守自己的志向，在日积月累中勤恳奋斗、增长见识、提升能力，恪尽职守、不偷懒，勇于担当、不推诿，任劳任怨、不计较，做到矢志不渝、勤勉不怠，脚踏实地努力让梦想照进现实。

习近平总书记在第十二届全国人民代表大会第一次会议的讲话和2013年五四青年节同各界优秀青年代表座谈时，都引用了这句话，正表明立志与实干相辅相成的关系。我国仍处于并将长期处于社会主义初级阶段，实现中国梦，创造全体人民更加美好的生活，任重而道远，需要我们每一个人继续付出辛勤劳动和艰苦努力。作为一名青年干部，既要有"仰望星空"的胸襟，也要有"脚踏实地"的办法，还要有"干在实处、走在前列"的闯劲，要志存高远，信念执着，不怕困难，勇于开拓，在实现理想的过程中彰显青年的人生价值和人生追求。

/ 宋斌

苟利社稷，死生以之

《左传·昭公四年》

［释义］

只要有利于国家，即使因此而死也要做。

"苟利社稷，死生以之"，出自春秋时的政治家子产之口。子产是春秋时期一位非常著名的贤相能臣。子产在郑简公、郑定公之时执政 22 年，正是民穷财尽、盗贼蜂起，晋楚两国争强、战乱不息的时候，周旋于这两大国之间，子产却能不低声下气，也不妄自尊大，使郑国从内乱不息、外患不止到社会安定、路不拾遗、百姓安居乐业，展示出了高超的政治才干与智慧，也因此深受时人和后世敬仰。历史上常把他和管仲并论，如称"《春秋》上半部得一管仲，《春秋》下半部得一子产，都是救时之相"，甚至称其为"春秋第一人"，"春秋卿大夫未有能及之者"。值得一提的是，与子产同时代的孔子也对他给予了高度评价，赞扬他"足以为国基"，乃"古之遗爱也"。

子产的为政之道，可以说，许多方面在今天仍具有借鉴意义。

一是择能而使。根据每个人的不同才能发挥他们的长处，真正做到人尽其才、才尽其用。例如，冯简子能断大事，子大叔美秀而文，公孙挥擅长外交，裨谌能谋，子产于是让公孙挥专注外交，每遇大事，则让裨谌谋划是否可行，再让冯简子作出决断，最后交由子大叔执行，政事由是不败。

二是不毁乡校。关于言论自由的重要性与意义，无须我们用现代政治理论来阐释，从周厉王为国人所推翻开始，古人很早就明白了"防民之口，甚于防川"的道理。子产的伟大之处在于，尽管刚刚担负起执政重任就遇到了乡校议政这个问题，但他并没有首先考虑这会不会危及他的地位，也没有一关了之借以立威，而是将乡校议政作为倾听民声、改善治政的契机，"择其善者而从之，其不善者而改之"，真正体现出了政治家的风范与心胸。

三是首铸刑书。郑简公三十年（前536年），子产命人将郑国刑法铸在鼎上，公之于众。这也被认为是中国历史上第一部成文法，从实质上破除了贵族阶层对法的垄断，同时使法与礼相分离，防止司法的随意性，用法的规范力量去推动社会的发展。体现了他巨大的勇气与责任担当。

四是宽猛相济。子产做到了把握住高压与怀柔两种政策的最佳尺度。子产深知，如果君主严刑峻法，过于苛刻，就会使人们畏而远之，如果太宽松，会使臣子骄纵跋扈，不易驾驭，所以必须恩威并济，把握好时机和火候。才能使郑国走向强大。他从不拘泥于某种理念或模式，而是注意根据事物的特征、条件的变化治政施策，顺时而动、乘势而为。

这些正是子产"政如农功"的注脚，他就像是一个辛勤的农夫，以毕生的精力，为国、为民全心付出，不在乎一时的毁誉，只惦念最终的收成。支撑这一切的，就是他自己所说的"苟利社稷，死生以之"。而这，也正是他留给后人的珍贵遗产。

/ 王艺霖

合抱之木，生于毫末；
九层之台，起于累土

[出处]

《老子》

[释义]

合抱的大树，是从细小的萌芽生长起来的；九层的高台，是用泥土一点点堆积起来的。

"合抱之木，生于毫末；九层之台，起于累土。"这两句话实际是各有侧重。"合抱之木，生于毫末"，说的是无比强大的事物在初始时也很弱小或是微不足道，不要因事物处在初级阶段而心生轻视或自卑；"九层之台，起于累土"，说的是踏实为之，着重点滴的积累，持之以恒的毅力是一切成功的必要条件。两句话合起来的意思是事物从弱小到强大，乃至完成任何一件事情，都需要积少成多和步步为营的坚韧毅力。

"合抱之木，生于毫末"让我深有体会。我曾于2013年被沈阳市文联、市作协聘为"盛京文学网"的管理者，后来又被作为特殊人才引进，成为网站负责人。从当初一个人的管理，变成几百位公益编辑加入的合作式文学社团管理网站的模式，成为每年访客量达一百万人次以上的纯文学网站的佼佼者。6 年多兴旺人气成绩的背后都是集体团队用一点一滴心血付出的建设积累而来的。对网站那种爱护在每一个人的心中生根，像培育一棵幼苗，慢慢长成参天大树的过程，个人主人翁责任感让每个人都自豪和自律。

"九层之台，起于累土"这句哲理，让我想起接触过两位有名气的作家，简称 A 作家和 B 作家。A 是一位类似天才的作家，童年起就天赋异禀，起初也是日积月累地写作，然而坚持几年苦行僧一样修炼的生活无法淡定，经不住经济浪潮的诱惑，从此搁笔下海经商。B 作家是一位思想迟钝，什么事都慢半拍的人，很多人都预言此人愚钝、不开窍，不会有所成就。然而可贺的是 B 作家一直在坚持认真研究所涉猎的文字范畴，十年、二十年……几十年如一日，终于用勤奋把自己手中的笔磨成了一把成功宝剑，成了精神世界的"大师级"人物。A 作家成了物质世界的富翁，却失去了初心时理想殿堂的建造之梦。

从细小的萌芽到长成合抱的大树，从第一抔泥土到建成九层高台，过程充满了难以克服的艰辛。世上哪有一蹴而就的事，要想有辉煌的成就，就要默默地苦修和坚持，坚忍的意志和脚踏实地的努力是成功的双翼。要始终坚守"慎终如始"，也许就无败事了，才能有从量变到质变的飞跃。

/ 庞滟

君子之交淡如水，小人之交甘若醴

[出处]

《庄子·山木》

[释义]

君子的交谊淡得像清水一样，小人的交情甜得像甜酒一样。

2300多年前的庄子以哲学家的眼光提出的著名论断，揭示出两种交情的根本差别在于是否含功利之心。儒家继承光大了庄子的思想，将朋友关系列入"五伦"。古仁人君子，无不践行正直、诚信的道义之交，以自身行为回答君子之交不是相互身份的炫耀，不是相互门面的粉饰，不是相互私欲的利用，而是建立在志同道合基础上，经砥砺而成的高雅纯净的友情。

孔子《论语》曰："与朋友交，言而有信。"强调交友要诚信。柳宗元与刘禹锡的友情是真诚无私生死不渝的典范。二人因参加王叔文"永贞革新"运动一同被贬。10年后被召回京，心情兴奋的等候再安排，但他们等到的却是虽升为刺史却贬得更远的消息，柳宗元去柳州，刘禹锡去播州。

播州偏远荒凉，不适人居，何况刘禹锡还有八十岁高龄的老母。

柳宗元急得哭起来，即刻"请于朝，将拜疏，愿以柳易播"，愿意与刘禹锡对换，把条件稍好一点的他的谪地让出。柳宗元紧要关头舍己为友的赤诚真心令人震撼，新旧《唐书》对此均有记载，韩愈在《柳子厚墓志铭》中亦发出"士穷乃见节义"的赞叹。四年后，刘禹锡回运母亲灵柩至衡阳时接到柳宗元病逝的讣告，悲痛欲绝的他立即停下行程全力料理柳宗元丧事，并接过其 4 岁的儿子抚养，之后又花费数年时间，整理筹资刊印了《柳河东集》，使得柳宗元 600 余篇经典诗文流传下来。

宋代洪迈《容斋随笔》云："始终相与，不以死生贵贱易其心。"强调君子之交不会因死生贵贱而改变心性。范仲淹与欧阳修年龄、官职相差都很大，但他们家国情怀相同相互推重，同仇敌忾患难与共。1035 年范仲淹因弹劾两位专恣弄权者被贬饶州，欧阳修连夜写出《与高司谏书》，痛斥左司谏高若讷不公道，为范仲淹鸣不平。随即他也遭贬。4 年后范仲淹复职任陕西经略招讨副使，欲报答欧阳修请其任高级幕僚，却遭到拒绝。欧阳修说我当初的举动并不是为了一己私利，我宁可与你一起被贬，却不必要与你一起提拔。同退不同进，不要倚恃，何等超迈！8 年后，范仲淹被召回朝主持"庆历新政"改革，受到排挤。欧阳修写出《朋党论》，回敬反对派的结党之诬，策应范仲淹。结果二人又一同被贬。

曾子把孔子"朋友切切偲偲"引申为"君子以文会友，以友辅仁"。主张以文章学问作为结交手段，以互相帮助培养仁德作为结交目的；朋友间需相互勉励督促，一旦发现朋友之错要直言规劝。白居易与元稹的诗作唱和 20 年间不曾间断，文字与友情如精金美玉一般滋润着彼此的心田。但元稹回朝后投靠宦官连升至宰相，为迎合皇帝建议罢兵，打击贤相。稍后回朝的白居易对此十分气愤，马上对元稹发出了诤友之诤言：接连写诗提示其在名利面前要控制私欲，并将其降格投靠喻为鹤与鸡同宿的老丑行为，还公而忘私地给皇帝上《论请不用奸臣表》抨击元稹之流。白居易的坦诚相劝起了作用，元稹在《寄乐天二首》诗中表达了悔改之意。后二人政治立场趋向一致，重修旧好，恢复唱和，友情延续终生。

孟子云："友也者，友其德也。"主张交朋友应看重对方的品德。特殊时代背景下，王安石与苏轼的关系亦敌亦友，曾出现过曲折，但两个光明磊落的正人君子始终操守严明，不以私废公，让友情经受住了考验。1069年，王安石变法，苏轼主张渐变，不必大张旗鼓地骤变，由是产生分歧。10年后，苏轼调任湖州知州，遭遇"乌台诗案"被捕入狱。已遭二次罢相久不问政事的王安石，提笔写下退隐金陵以来的首份奏表，上书皇帝为苏轼求情。苏轼得以免除杀身之祸被贬黄州。关键时刻，王安石不计前嫌，挺身而出，救苏轼于水火，为国家保留了人才。又五年，苏轼平调汝州，特意绕道去金陵看望王安石。一对同处贬谪之身的老友在山水间把酒临风，诗词唱和，不亦乐乎！逾月相处使他们更加知心，昔日的政见隔阂都随着爽朗的笑声飘散了。

清末民初，秋瑾的两位盟姐吴芝瑛、徐自华不仅变卖首饰支持其革命，还在她遇难后竭力实现其遗愿，冒杀头风险将秋瑾灵柩由绍兴迁葬到杭州西湖，令巾帼友情不让须眉。20世纪30年代的上海，在瞿秋白被悬赏通缉的危急关头，鲁迅舍身相救，三次接纳其夫妇到寓所避难。

翻开中华史册，如此高山景行的君子之交不胜枚举，无不以"相亲"的光芒，遮蔽了小人之交"相绝"的黯淡，谱写出一部部光耀青史的友情华章。

/ 王秀杰

宁武子，邦有道，则知；
邦无道，则愚。其知可及也，
其愚不可及也

［出处］

《论语·公冶长》

［释义］

孔子说："宁武子这个人，在国家政治清明时就聪明，当国家政治黑暗时就装糊涂。他的聪明是别人可以做得到的，他的装糊涂，别人是赶不上的。"

宁武子是春秋时期卫国的官员，整个时代正处在社会动荡，纷争不断的艰难境地，从卫文公到卫成公，这两个朝代完全不同，宁武子却安然地做了两朝元老。一方面是因为他情商很高，会为人处世，为国鞠躬尽瘁，另一个重要的方面就是他会"装傻"。

同样，在《论语·公冶长第五》中，孔子还说到了南容，"邦有道，不废；邦无道，免于刑戮。"而且还把自己的侄女嫁给了南容。由此可见，相对于子路"好勇过我"的性格，孔子更赞同像宁武子和南容这样能屈能伸的处世之法。正所谓"留得青山在，不怕没柴烧"，因为一时冲动，自己成了肉酱，还如何尽忠尽孝呢？

宁武子的做法的确聪明，不过古往今来会用这种方法的人也很多，就像和宁武子同时代的楚庄王。刚刚即位，就要面对邦国的一片混乱和敌国的虎视眈眈。因担心自己气场不够强大压不住这么大的场面，丢了性命是小，若是一不小心亡了国，那就是千古罪人了，索性想了一个办法——反其道而行之。三年的时间里，他每天吃喝玩乐，不理朝政，这样一来敌国放松了警惕，国内的野心家也不再抗衡，就是急坏了这些忠心耿耿又忧国忧民的老臣，他们屡屡劝谏，每每无功而返。最后还是右司马伍举道破天机，给大家吃了一颗定心丸。

有一天，伍举来到楚庄王身边，楚庄王闭着眼睛都知道一定是来劝我好好工作的，"哎！"然而，伍举却说，"大王，我新得了一段绝妙的谜语，说给您听？"楚庄王一听，眼前一亮，终于来个懂我的，不是劝我的，睁开眼睛对伍举说："说来我听听。"伍举说道："有一只鸟停驻在南方的阜山上，三年不展翅，不飞翔，也不鸣叫，沉默无声，这是什么鸟呢？"楚庄王听了这谜语微微一笑，原来这其中另有深意啊！正正帽子，拽拽衣襟说："这鸟非同寻常，三年不展翅，是为了生长羽翼；不飞翔、不鸣叫，是为了观察情况。虽然还没飞，一飞必将冲天；虽然还没鸣，一鸣必会惊人。你放心，你说的这个谜语我懂了。"听楚庄王这么一说，估计当时伍举是连蹦带跳，手舞足蹈的出了大殿，想着赶快把这个好消息告诉同僚，等着我们的君王"展翅高飞"，我们的邦国有望啊！

果然，半年后楚庄王整装待发，重振江湖，在楚庄王的努力之下，终于使楚国称霸天下。楚庄王的做法是不是和宁武子很像？如果凭着年轻气盛只顾厮杀，这会儿估计早成了炮灰，然而观察清楚情况，积累能量，一招制敌，岂不快哉？

由此可见，这"用之则行，舍之则藏"的本事，可是我们的修身之本，值得每一个人去修炼。是金子总会发光的，我们要安于平淡，静待时机，往往操之过急，用力过猛，却会适得其反。

/ 张丹

穷则独善其身，达则兼济天下

［出处］

《孟子·尽心上》

［释义］

穷困时，独自保持自己的善性，得志时，还要使天下的人保持善性。

一日，孟子对勾践说："你喜欢游说吗？那么我来告诉你，我游说的态度。人家理解我说的，我悠然自得无所求；人家不理解我说的，我仍然悠然自得无所求。"勾践问他："怎样能做到悠然自得无所求呢？"孟子说，崇尚德，爱好义，就能悠然自得无所求。士人在穷困时不失掉义，就能独自保持自己的操守和善性，修养品德立身在世；在得志时不背离道，要施给人民恩泽，使天下的人保持善性，这样就不会使百姓失望。

自古以来，无数文人志士从小就立下"修身、齐家、治国、平天下"的人生目标，并为之终生奋斗。修正自己的身心是实现这个远大目标的第一步。无论是天子，还是草民，都要把修身作为根本。无论是穷还是达，都不能失去根本，一旦失去根本，"兼济天下"就是一句空话。这也是习近平总书记"不忘初心，方得始终"的另一释义。

在源远流长的历史长河中，做到"穷则独善其身，达则兼济天下"的例子有很多，比如古代的诸葛亮、曾国藩等，再比如在这次抗疫中，为国家和人民做出最大贡献的钟南山教授。这一代代涌现出来的真正的志士达人，是我们整个中华民族的脊梁所在。他们，堪称世人的典范。

下面我以诸葛亮为例，谈谈自己对这则金句的理解。

诸葛亮在未出茅庐之前，给儿子的《诫子书》里就写道："夫君子之行，静以修身，俭以养德。非淡泊无以明志，非宁静无以致远。"此后，受刘备三顾之邀，出山辅佐，使其成一代君主，为汉室重兴，天下平定"鞠躬尽瘁，死而后已"。

诸葛亮在出师中原前，写给刘禅的《出师表》中言道：诚宜开张圣听；若有作奸犯科及为忠善者，宜付有司论其刑赏，以昭陛下平明之理，不宜偏私，使内外异法也；亲贤臣，远小人，此先汉所以兴隆也，亲小人，远贤臣，此后汉所以倾颓也；陛下也应自行谋划，征求、询问治国的好道理，采纳正确的言论，以追念先帝临终留下的教诲。

这些对刘禅的劝诫和对他治国寄予期望的句子，无一不表达了诸葛亮"兼济天下"的拳拳之心，无一不体现"真、善"二字。文中他对故主、对朋友、对君王、对下属的殷殷之情，感人肺腑，读之令人不禁潸然泪下。

人不修己身，自然家难齐；家不齐，国何以治；国不治，天下又安能太平？

我辈自不敢与先贤相比，但"天下兴亡，匹夫有责"的道理，却都应该懂得！

/ 佟惠军

人之所助者，信也

[出处]

《易经》

[释义]

要想得到人的帮助，靠的是诚实。

民心是最大的政治，要抓住民心，就要依靠诚实。新中国成立前，中国共产党紧紧抓住广大农民最关心的土地问题，在各解放区开展土地改革运动，制定颁布了《中国土地法大纲》，为实现贫苦农民翻身解放，团结绝大多数农民群众积极支持和参加人民解放战争创造了条件。解放战争时期，中国共产党人培育和塑造政治意识突出表现在紧紧抓住民心这个最大的政治，站稳人民立场。从而获得了广大群众的信任和支持，取得了战争的最后胜利。

人民群众有着无尽的智慧和力量，只有始终相信人民，紧紧依靠人民，充分调动广大人民的积极性、主动性、创造性，才能凝聚起众志成城的磅礴之力。一部红军长征史，就是一部反映军民鱼水情深的历史。长征路上，党始终同人民风雨同舟、血脉相通、生死与共，赢得人民群众真心拥护和支持，战胜一切困难和风险，取得最终胜利。

我们党作为先进的马克思主义政党，最大的政治优势是密切联系群众。我们党的根基在人民、血脉在人民、力量在人民。99年来，中国共产党人始终不忘初心、牢记使命，立党为公、执政为民，全心全意为人民服务，使我们从人民群众中汲取了强大的力量，团结和带领人民取得革命、建设、改革的一个又一个伟大胜利。

习近平总书记说："今天，我们比历史上任何时期都更接近、更有信心和能力实现中华民族伟大复兴的目标。"但我们党面临的"四大考验""四种危险"是长期的、复杂的、严峻的，新时代的长征路是一项具有开创性、艰巨性、复杂性的事业。新时代的长征路越是目标远大、任务艰巨，越是挑战频仍、矛盾集中，越是要把党建设得更加坚强有力。这就更需要广大人民群众的信任。

2015年，在APEC工商领导人峰会上，中国国家主席习近平发表了主旨演讲。当习近平主席谈论经济的时候，为什么全世界都在认真倾听？这首先是因为，当下世界经济平缓复苏但基础并不牢固，存在较多不稳定性和不确定性，在很多国家和地区坐困愁城之时，中国经济的表现让人看到了希望。庞大的消费市场加上不断的创新，中国经济韧性好、潜力足、回旋余地大的基本特征，及其表明的可持续发展后劲，毋庸置疑。

"人之所助者，信也。"习近平主席对世界经济的分析判断和建议主张之所以打动人心，之所以为越来越多的人所重视，是因为中国倡导的坚持合作共赢、构建"命运共同体"的主张，契合了"打造包容性经济，建设更美好世界"的APEC会议主题，尊重了亚太地区的实际，呼应了全球经济的新发展趋势，既表达了中国的诚意，同时发出了亚太多数成员的共同心声。

"鱼儿对水说：你看不见我的眼泪，是因为我在水中；水对鱼儿说：我能感觉到你的眼泪，是因为你在我心中。"这就是理想的官民关系，也是至高公信力的结晶。路漫漫其修远兮，吾将上下而求索。

/ 李建福

山积而高，泽积而长

［出处］

〔唐〕刘禹锡《唐故监察御史赠尚书右仆射王公神道碑铭》

［释义］

　　山是由土石日积月累而高耸起来的，长江大河是由点滴之水长期积聚而成的。

　　山是由土石日积月累而高耸起来的，水是由点滴积聚才流长不断的。积累是量变的主要方式之一，无论是知识、业绩都是由少到多、由小到大，长期积累并创造而来的。此句深刻的意义在于无论是为学，还是为官，还是用于处理国际关系都极其适用。

　　古往今来，与此金句的内容所匹配的佳话举不胜举……

　　刘祁寒窗苦读十余载的文采是一种积累；曹雪芹批阅十载的红楼之梦，全来自他从小耳濡目染的人和事；司马迁十四年呕心沥血的《史记》，无一不是他们日日夜夜收集并整理历史的漫长过程。

　　王羲之的字写得好，固然与他的天资有关，但最重要的还是由于他的刻苦学习。他为了把字练好，无论是休息还是走路，心里总是想着字体的结构，揣摩着字的架构和运笔的方法，而且不停地用手指头在衣襟上划着。这样时间久了，连身上的衣服都磨破了。他曾经在池塘边练习写字，每次写完就在池塘里洗涤笔砚。时间一久，整个池塘的水都变黑了。有一次，皇帝要到北郊去祭祀，让王羲之把祝词先写在木板上，然后再派工匠去雕刻。工匠在雕刻时非常震惊，原来王羲之的字，笔力竟然渗入木板三分之多。工匠赞叹地说：右军将军的字，真是入木三分啊！

是的，王充在《论衡》里写道："冰冻三尺非一日之寒。"汉书里有"绳锯木断，水滴石穿"的名句。还有荀子在《劝学》中的"不积跬步，无以至千里；不积小流，无以成江海"的名句。这样的故事及金句，无不在告诫着人们日积月累、循序渐进的道理。

当今世界，正在经历百年未有之大变局，我国正处于实现中华民族伟大复兴的关键时期。2014年5月21日，在亚洲相互协作与信任措施会议第四次峰会上，习近平主席在讲话中引用了"山积而高，泽积而长"这段话，阐述了"踏踏实实，一步一脚印"的大国外交理念。特别是在当下全球疫情泛滥，中美贸易争端不断加剧的艰难时刻，我们更要摒弃浮躁之心，沉得住气，稳得住脚，依靠全国人民的智慧和力量，团结一致，众志成城，才能达成我们的伟大目标，才能扎扎实实地沿着中国特色的社会主义道路实现中华民族伟大复兴的中国梦。

/ 朴万海

上善若水。水善利万物而不争，处众人之所恶，故几于道

[出处]

《老子》

[释义]

最善的人好像水一样。水善于滋润万物而不与万物相争，它停留在众人所不喜欢的地方，所以接近于道。

有这样一则故事：一个年轻人因生意失败想跳河自杀，被一位智者救下并将他带回家，搬出一大块冰让他劈开。年轻人用斧头使劲儿砍也没能劈开坚硬的冰块。智者把冰块放入大铁锅中煮，温度升高冰块很快融化了。智者问他领悟到了什么，年轻人说，"我对付冰块的方法不对，不应该砍而应该用火烧。"智者摇头，语重心长地说："我让你看到的是成功人生里的七种境界：百折不挠、和气生财、包容接纳、以柔克刚、能屈能伸、周济天下、功成身退。"

故事的理论支撑显然源自《老子》"上善若水。水善利万物而不争，处众人之所恶，故几于道。"从古至今流传的圣言高度概括了水的"七善"之德：居善地、心善渊、与善仁、言善信、正善治、事善能、动善时。在寒冷恶劣的环境下，水以钢铁般的意志，活出冰的坚毅、顽

强和通透；无论怎样的高温火烤，都无法熔化水的内力，借火势而升华，凝聚一起的蒸汽形成无穷的合力；净化万物时，水敞开胸怀包容、接纳污浊，从不嫌弃一草一石；水自高处一滴一滴落下，便可洞穿千年顽石；云雾、雨露也好，细流、长河也罢，能屈能伸、方圆随形本就是水与生俱来的性格；水润苍生，以善良之心周济天下，不苛求、不索取；聚可云结雨，化为有形之水，散可无影无踪，飘忽于天地之间，可谓功遂身退。借水的七种自然境界修正人性之德再恰切不过了。

人的心性与水的存在形式极为相似。云雨、冰雪、江河，时而波平浪静，时而激情澎湃，变化多端，人的心态也如水般千变万化。凡事不过一个"理"字，"心"有"心理"。在心理主导下，会产生各种动力，相互吸引或者相互排斥，自认为有利的事，就会相引，自认为有害的事，就会相推。在这种心理的作用下，生出种种福利，也生出种种祸端。人的生命场跟随心理变化而改变，身体表现，境遇状况，甚至将要发生的事情，都会由心理形成一种由内向外的力量，恶，则损人不利己，善，则达济天下。

人的心性像盛水的容器，以德仁为本者，内心盛装的水便是"上善水"，不盈不竭，不腐不溢，清凉洁净，如果心生贪念者，内心盛装的便是"祸水"，贪欲越积越多，祸水就会日溢泛滥，祸患无穷。水的染污，实则是人的心性染污，水的泛滥成灾，就是人的嗜欲泛滥成灾。

水本无善无恶，人也无善无恶。世间善恶皆为人的心性所致，善心生则恶念消。人的生命起于水，也止于水，体内百分之七十的水供养鲜活旺盛的生命，修得一水之德，则不枉此生。

/ 邵悦

天行健，君子以自强不息

[出处]

《周易》

[释义]

宇宙不停运转，人应效法天地，永远不断地前进。

"天行健，君子以自强不息"出自《周易》，其原意是指宇宙运转刚健有力，君子处事应效法宇宙，不断前进。其中蕴藏着先哲对宇宙运行、人生道路的深度思考，展现了中国古典哲学中"天人合一"的朴素思想。随着社会的不断发展进步，人们对这句哲言的理解，逐渐由"学习、顺应自然发展"演变为"积极进取、奋发向上"，这也是清华大学将其引用为校训，激励万千学子的原因所在。

下面，我想从三个方面来谈一下对这句名言的理解。

我们每个人都要有自强不息的信念。路遥的鸿篇巨制《平凡的世界》中有这样的一句话："人处在一种默默奋斗的状态，精神就会从琐碎生活中得到升华。"主人公孙少平虽然出生在一个贫穷的家庭，但他并没有被生活打倒，而是以自强不息的精神迎接生活中的种种挑战。其实每个人的人生都是一场戏剧，每个人都在舞台上演绎着自己的社会角色，演绎着命运的起起落落。聚光灯不会无时无刻地照着我们，但并不代表我们自己不会发出耀眼的光彩。在人生的舞台上，有的人浑浑噩噩，有的人得过且过。浑浑噩噩的人，幕布总会为他提前降下；得过且过，聚光灯永远也照不到他。唯有志存高远、默默奋斗，在平凡岗位上创造出不平凡业绩的人，才有资格站在舞台中间，绽放出生命应有的光辉。

我们的民族不能忘记自强不息的精神。回望五千年的中国历史，无论是"愚公移山""精卫填海""大禹治水"等寓言故事，还是"贫贱不能移，威武不能屈""自古雄才多磨难""梅花香自苦寒来"等古训格言，其中蕴含的自强不息精神早已融入中国人的血液，更是支撑中华民族绵延至今的精神密码。一部中华民族史，实际上就是一部中华民族自强不息的奋斗史。鲁迅先生在《中国人失掉自信力了吗》一文中曾说："我们从古以来，就有埋头苦干的人，有拼命硬干的人，有为民请命的人，有舍身求法的人……这就是中国的脊梁。"一代又一代仁人志士，成就了中华五千年的灿烂文化，也让自强不息的精神薪火相传。正因为有了这样一群仰望星空的人，我们的民族才有了希望。

在新时代，我们的国家更要有自强不息的新气象。党的十八大以来，习近平总书记曾多次提出"幸福不会从天而降""新时代是奋斗者的时代""世界上没有坐享其成的好事，要幸福就要奋斗"等重要观点，强调"幸福都是奋斗出来的，奋斗本身就是一种幸福"。这正是对新时代自强不息精神的最好诠释。当今世界正面临百年未有之大变局，面对国外环境的巨大变化、新冠肺炎疫情的持续影响和国内决战脱贫攻坚、决胜全面小康的重要任务，更需要我们每一个人在自己的岗位上砥砺责任勇担当、撸起袖子加油干，把每个人的努力汇聚成实现中国梦的强大力量，在开启全面建设社会主义现代化国家的新征程中，以自强不息的精神状态和一往无前的奋斗姿态奋勇前进。

自强不息，是人生奋发有为的力量源泉；

自强不息，是中华民族历久弥新的文化基因；

自强不息，是新中国屹立于世界东方的精神支柱。

/ 刘维

先天下之忧而忧，
后天下之乐而乐

［出处］

〔北宋〕范仲淹《岳阳楼记》

［释义］

在天下人担忧之前担忧，在天下人快乐之后才快乐。

纵观中国古今历史，江山代有才人出，各领风骚数百年。可真正做到"文能提笔安天下，武能上马定乾坤"的却屈指可数。北宋政治家、文学家、军事家范仲淹（989—1052）可算其中一位。宝元年间，西夏国屡犯宋地，先于三川口大败宋军，又于好水川斩杀宋兵逾万。至庆历二年，又分兵两路大举攻宋。两军会战于定川寨，宋军大败。西夏兵乘胜追击，挥师南下，朝野震动。龙图阁直学士、陕西经略安抚副使范仲淹仅率领六千骁勇拒敌，连续苦战迫使西夏军队撤退。此后，范仲淹又筑城练兵，进一步稳固了边防，令西夏国不敢再犯，并最终向北宋称臣。

范仲淹自幼苦读及第，官拜参知政事。政治上励精图治，军事上守土安邦。但后人对他的认识和了解更多的是他的文采。"塞下秋来风景异，衡阳雁去无留意。四面边声连角起。千嶂里，长烟落日孤城闭。

浊酒一杯家万里，燕然未勒归无计。羌管悠悠霜满地。人不寐，将军白发征夫泪。" 这首《渔家傲·秋思》精彩绝美，若不是常年戍边的军人是写不出来的，也无法深刻体会。范仲淹更为脍炙人口的作品是《岳阳楼记》，写于 1046 年，收录在《范文正公集》中。文中的"先天下之忧而忧，后天下之乐而乐"已然成为千古金句。这句话的字面意思很好理解，在天下人担忧之前先担忧，在天下人享乐之后才享乐。还应该有更深层次的含义：所谓天下指的就是家国，忧先乐后是深重的忧患意识和自我牺牲精神体现。

"不以物喜，不以己悲。居庙堂之高则忧其民；处江湖之远则忧其君。是进亦忧，退亦忧。然则何时而乐耶？其必曰：'先天下之忧而忧，后天下之乐而乐乎。'"

时至今日，我们仍能从这字里行间读出作者心中缓缓流淌的家国情怀。

在中国历史上，像范仲淹这样心怀天下的仁人志士不胜枚举。西汉名将霍去病战功卓著，汉武帝论功行赏，下令给他封侯造府，但霍去病却说："匈奴未灭，何以家为？"唐代诗人杜甫，自己过的几乎是穷困潦倒的生活，当茅屋被秋风毁坏，他想到的却是他人："安得广厦千万间，大庇天下寒士俱欢颜……"南宋诗人陆游，一生为光复失地、重整山河而殚精竭虑："位卑未敢忘忧国，事定犹须待阖棺。"正是这样的中华民族精英，植根于祖国的土壤，用他们毕生的心血浇灌着人类文明之花。

从来就没有什么岁月静好，不过是有人负重前行。不管什么时候，无论是"居庙堂之高"的公职人员，还是"处江湖之远"的平民百姓，负担起一份忧患意识，抱持住一份家国情怀，懂得居安思危，知道忧国忧民，都不算是多余或奢侈。中华民族伟大复兴的道路艰难且漫长，即便是在改革开放几十年后、我们的国家在政治、经济、文化、军事等领域都取得了举世瞩目长足发展的今天，我们依然要保持清醒的认识。我们的国家还处在多事之秋，我们仍面临着严峻的形势和诸多的挑战。我们甚至还没有远离各种现实的和潜在的危机，断然没有"此间乐、不思蜀"的道理。诚然，半个多世纪的和平环境，飞速发展的经济社会，我们有理由享受安定祥和、幸福快乐的生活。但也绝对不能高枕无忧。

古人云：修身齐家治国平天下。先天下之忧而忧，后天下之乐而乐，为天地立心、为生民立命、为往圣继绝学、为万世开太平。这些中华思想文化精华也值得当世尊崇。

／郭东野

修其心，治其身，而后可以为政于天下

[出处]

〔宋〕王安石《洪范传》

[释义]

要先修心治身，充实德行，而后才能从政。

王安石当过宰相，因为身在高位，思虑的都是为政之道，即怎么样从"人"的角度站位，省视己身，以一躯之力惠及天下。这是中国古代政治哲学的精髓，是以人为一切的出发点，培养树立强大的责任感，实现最高目标。用王安石的话说，就是"修其心，治其身，而后可以为政于天下"。

这句话阐明了为政者的基本素养，也是从政的准备，但究其本质，还要归于一个人的内心，是个体修养水平的具体落实。国家兴亡，匹夫有责。这是朴素的中国人思想中最高贵的情感，与谦谦君子的"修其身心，治其家，而后可以为政于天下"同理。几千年来，尤其是近代，它的普世价值影响更深，发挥的作用也最大。正如我们看到的，当国家危亡的时候，无数人站出来，和社会精英一起舍生忘死，捍卫整个民族的尊严。

在今天的和平盛世，无论王安石的修身齐家治国平天下的政治抱负，还是国家兴亡、匹夫有责的平民式明灯，都是中国人一次次战胜困难、勇于革新的原动力。

近两年，因为写作的关系，我接触过一些大型国企的技术工人，从开始的陌生到逐渐熟悉，我发现了他们身上很多的闪光点。我认识的技术工人中，有父一辈子一辈的传承，有年纪轻轻就是所在分公司、车间的技术核心，他们大多出身于工学方面的二本学校，但他们并不缺乏拼搏和奋斗精神。理工科的人以专业见长，不太善于总结拔高，发表激动人心的演说，但每个人坚持干事，比华丽的语言更能凸显他们的执着与担当。最近一段时间的采访，让我充分意识到这一点。

最初，他们打动我的是对企业的称呼，"俺家""我们家"，他们叫的自然而然，绝无半点虚伪，那是一种情感的高度契合，因为内心生发的认同，才有工人对企业发展的关注与付出。他们跟我讲，去年底，公司接到一个从未生产过的大项目洽谈，初看客户方提供的图纸，大家认为可以干。不承想，项目到手后，客户方多次修改图纸，给他们的工作造成很大阻碍，而且设计图纸有些地方理想化，拿到实际操作时不可能实现。于是，他们成立了攻关小组，分工协作，积极协调，有专人负责与客户方沟通，共同解决问题，春节也没人休息，就是为了保证项目的正常生产。最终，他们花掉近半年时间，将生产出来的产品如期交付客户方，客户方非常满意，很快又签下第二份合同。

我之所以举出这个事例，是项目本身涉及国家机密，那些年轻的攻关小组成员，为了这个项目一次次把自己逼得无路可退，想尽一切办法克服了重重困难，为国家与民族作出了贡献。而这样的贡献，是鲜少人知道的，我认为这就是大丈夫修身齐家治国平天下引申出来的平民精神。

/ 王开

咬定青山不放松，立根原在破岩中；
千磨万击还坚劲，任尔东西南北风

［出处］

〔清〕郑燮《竹石》

［释义］

咬住了青山就绝不肯放松，根须已经深扎在岩石之中。历经千万次磨炼更加坚韧，任凭你东西南北来的狂风。

20多年前，我崇敬的诗人贺敬之曾为我写一条幅，这个条幅写的是："咬定青山不放松，立根原在破岩中。千磨万击还坚劲，任尔东南西北风。"落款写的是："郑燮诗 胡世宗同志正字 贺敬之"。

这幅字一直挂在我写字间的墙壁上，每天都会抬头默念它，我知道这幅字是敬之老师本人品格的体现，也深含着对我的托付和期望。

"竹石"这首诗流传甚广、非常有名。这在郑燮即郑板桥的作品中也是拔尖之作。人们都知道郑板桥（1693—1766），江苏兴化人，为康熙秀才、雍正举人、乾隆元年进士，一生主要居于扬州，是清代的一个官吏，他是诗人、书法家，也是画家，"扬州八怪"之一，曾以卖画为生。板桥先生的这首诗是为自己画作《竹石图》而写的题画诗。

我非常喜欢这首诗深刻的寓意。

前面两句说竹子扎根在破岩中，基础坚固；后两句说，随便从哪个方向吹来猛烈的风，无论受到多么大的磨折与击打，竹与石仍然坚定强劲。

诗人在称颂竹子坚定顽强的精神中，表达了自己不怕任何打击的硬骨头精神。敬之老师书写这首诗给我，也是蕴意赞美革命者在斗争中坚定的立场和受到任何打击都决不动摇的品格。

写竹，实为写人。此诗中竹子象征的是诗人自己内心的强大，宁折不弯，坚决不向邪恶势力低头，不与黑暗势力同流合污，这种傲骨是值得赞美和效仿学习的，这种精神是可以穿越时空而永存的。

我觉得在这首诗中有两个最可贵的字眼，一个是"咬"，一个是"任"。一个"咬"字重千钧！诗人把竹子拟人化了，竹咬定了青山，这种形象化的描述和赞美，多么的新颖和奇巧！也正因为它"咬定"，所以历经无数次的磨难而不屈服，而不妥协，而不放弃，所以才有这个"任"字，任你来自四面八方的狂风，能奈我何？

我欣赏过郑板桥画的竹子，在他的画作中，一般竹竿都很细，竹叶着笔不多，但青翠欲滴，简洁明快，执着有力，可谓立岩之竹、迎风之竹，显现的是一种顽强生存、坚定乐观的气象。

一个人从生下来，在成长的过程中，在与外界接触过程中，必然要遇到各种各样的困难和矛盾。我们要具有破岩竹的精神品格，应对社会的千变万化和给予自己的种种压力与打击。

郑板桥画竹超过50年，这是他一生的信仰。他最喜欢画的就是兰、竹、松、菊。他写画这些大自然的植物，是托物言志。我们从他的作品中应该领会和学习精髓，也是极其明确的。

从来没有什么人在人生的道路上是永远顺风顺水的。我们抄写、朗读、背诵郑板桥的这首诗，就是要获得这首诗给予我们的精神力量，就是要养成如诗中崇尚的那种高风傲骨，坚定不移地为人民的利益而奋战不息。

/ 胡世宗

以铜为鉴，可以正衣冠；
以古为鉴，可以知兴替；
以人为鉴，可以明得失

[出处]

《旧唐书·魏徵传》

[释义]

站在铜镜前，可以照见自己衣帽是不是穿戴整齐端正；以历史为镜子，可以知道国家兴旺衰败的原因；以人为镜子，可以发现自己行为的对错。

"玄武门事变"之后，继帝位的唐太宗以《易·系辞下》中"天地之道，贞观者也"中的"贞观"二字为自己的年号，"以天地之道"昭告世人。

魏徵，隋唐时期的政治家、思想家、文学家和史学家。隋末参加瓦岗起义军，扶持李密当上皇帝；唐朝在太子李建成帐下担任负责太子出行先导，专管图书典籍的"洗马官"；"玄武门事变"之后，魏徵成为唐太宗的谏臣，官至光禄大夫，辅佐唐太宗治国理政，成为一代名臣。

李世民，唐朝的第二位皇帝，号太宗。是卓有成就的政治家、军事家、书法家和诗人。早年随父李渊进军长安建立唐朝，率部征战天下，为大唐统一立下汗马功劳。"玄武门事变"登基称帝。在位23年，虚心纳谏，开疆拓土，厉行俭约，轻徭薄赋，多民族融洽相处，国泰民安，开创"贞观之治"，为唐朝全盛时期的"开元盛世"奠定了基础。

魏徵死后，太宗皇帝缅怀魏徵人生，回忆"贞观之治""开元盛世"的盛景，讲到"以铜为鉴，可以正衣冠；以古为鉴，可以知兴替；以人为鉴，可以明得失"。叹息："他死了，我少了一面镜子啊！"这是对魏徵人格的最高评价。唐太宗治国理政，以魏徵为镜子，认真听取他的意见，借鉴他人的成败得失，借鉴历史的兴衰成因。

作为朝中谏臣，才识超卓的魏徵，敢于犯颜直谏，他恳切太宗皇帝让他做治理国家的"良臣"，而不是只对皇帝一人尽责的"忠臣"，他广征博引历史典故，给皇帝解释"良臣"和"忠臣"的差别。他说："良臣，不仅会使自身享有美名，而且，还会使自己的君主有好的名声，从而使国家昌盛。忠臣，不但会给自己带来杀身之祸，而且也会使自己的君主沦落昏庸残暴的罪名，最终导致国破家亡。"

作为皇帝辅臣，魏徵在皇帝身边经常告诫他"不要玩物丧志，以耽误了朝政"。太宗皇帝钟爱鹞鹰人所共知，有一次，太宗在朝堂之上正把一只鹞鹰放在臂上逗弄，正在兴头时，忽见魏徵走来，匆忙地将鹞鹰藏在袍间。魏徵对皇帝的举动佯作不见，故意放慢觐见节奏，以此来拖延时间。等魏徵奏事完毕离开后，皇帝才发现鹞鹰已被憋死了。

作为一代名臣，魏徵深知"伴君如伴虎"的道理，每次谏言都是冒着被杀头的危险，有时激怒了太宗，他依然神色自若，毫不动摇。有资料介绍说，魏徵死后，太宗皇帝非常伤心，亲自到家里拜祭，听魏徵夫人说，魏徵生前每次临朝都要和家人拥抱一下。皇帝很不理解地问道："是魏徵缺少家人的关怀吗？"夫人说："他是怕自己哪一天因为直言进谏而被皇上处死，他把每一天都当作最后一天。"史载魏徵按照"贞观"的寓意，一生向皇帝陈谏二百多项，政治、军事、外交、农业、商业、文化、科举、法令、吏治等等无所不及。太宗皇帝开创"贞观之治"实现"开元盛世"，都是与听取魏徵的谏言分不开的。

正是因为有了太宗皇帝躬身"镜"前的魄力与胸襟，才会有君励精图治，虚心纳谏，营造出君臣融洽相处、共同治国的和谐环境；才会有臣大胆耿直，敢于冒死进谏的官场氛围；才会有官吏清廉、官民相爱、路不拾遗、夜不闭户的太平盛世。金句"以铜为镜，可以正衣冠；以古为镜，可以知兴替；以人为镜，可以明得失"影响深远，意义重大。

／曾浩

修身、齐家、治国、平天下

［出处］

《礼记·大学》

［释义］

修养好品性，才能管理好家庭，之后才能治理好国家，才能使天下太平、人民安居。

修身、齐家、治国、平天下，出自《礼记·大学》，原文是：物格而后知至，知至而后意诚，意诚而后心正，心正而后身修，身修而后家齐，家齐而后国治，国治而后天下平。这是古人对一个人不同发展阶段思想道德修养的要求，同时也是一个人在不断的成长与进步中，要求他应当对我们的社会、对他人，应该承担起来的义务与责任。

而在这所有的一切中，其永恒不变的基础，就是修身。一屋不扫，何以扫天下？一身不修，何以天下为？

固然，我们大部分人是永远也走不到治国平天下的境界的，我们成家、立业，步入社会，在人类社会中发挥或大或小的作用，参与国家的建设与发展，这就是我们大多数人一生的归宿。

然而不管你的人生路最终走多远，修身养德都是这一切的基础与根本。我们在人生道路上，一定会走弯路错路，它也许体现在事业上，也许体现在家庭上，也许体现在个人发展上，而其原因，要么是不可控的外力，要么是因为自身修养不够，因为品德的瑕疵、见识的短浅、境界的不足而去犯错误。

择善而从、博学于文、增长见识与阅历，为人处世能明辨是非，在自我反省中不断地提高境界，改善自己，这样的人自然要走得更高更远。也只有这样的人才能更好地实现个人理想，拥有更圆满的家庭，对社会产生更大的贡献，他的人生追求才能走得更远。

人生应当有追求，追求也是一种欲望。它是推动个人、集体、国家、全人类向前发展的动力。但是我们要明辨是非，分清哪些是正当的欲望，哪些是负面的欲望，不能放弃原则去追求与理不合、与法不容的东西。

我们还应该勤修个人的心性，做到自信而不自卑，努力充实自己，自强而后崛起。要努力增长学识和人生阅历，要戒掉嫉妒心，抓住机会做实事，以此提高自己，拥有更大的竞争力，而非专注于旁门左道。要远小人，避免他对你的影响或伤害。

我们还应该学会调整、控制自己的情绪，积极向上的追求和平和宁静的心态并不相悖，而是最好的组合。能受苦乃为志士，肯吃亏不是痴人。敬君子方显有德，避小人不算无能。其实这就是心性的修行。

我们的领导干部，莫不是人中龙凤，才干超群。可是为什么这样优秀的一个群体，其中一部分人会误入歧途？就是因为在不断成长的过程中，他们的才干和能力在不断提高，却忽略了个人修养的进步。

习近平总书记在关于党的建设系列讲话中，曾多次强调打铁还需自身硬，这个铁就是一个人所面临的挑战与机遇。在这个过程中，机会与诱惑并存，不能修身养德，不能做到自身硬，就会被负面的欲望所诱惑，从而堕落。

我们的党清晰地认识到，要保持先进性和纯洁性，才能团结带领全国人民不断前进。如果管党不力，治党不严，那么我们的党迟早会失去群众的拥护与信任，不可避免地被历史所淘汰。我们每一个人也同样如此，要时时不忘自省吾身，保持修养品德与能力才干的共同进步，才能走得更高更远。

人的一生不能如飞禽走兽一般只作为一种生物而活，我们的祖先通过我们延续，我们也将通过我们的后代延续。人之一生，紧握双拳而来，平摊双手而去，肉体会消亡，可是你我所创造的真善美的东西，则将与时俱在，这才是生而为人永恒的价值。

/ 月关

·后　记·

　　《修齐治平金句选释》一书收录近百条与修身、齐家、治国、平天下有密切关系的格言、警句，进行深入浅出的解析，供读者阅读。本书在组织编写过程中，全省广大作家积极参与，特别是市县文学爱好者踊跃投稿，辽宁人民出版社认真编辑审核，使本书得以顺利出版。在此，特向各位作家、向各位出版编辑人员、向所有为本书付出辛勤劳动的同志表示诚挚的感谢。

　　本书在出版过程中，受作者、编者认知理解上的差异，可能存在一些有待斟酌商榷之处，敬请读者朋友们批评指正。

本书编写组
2020 年 11 月